AI一键PPT

实用案例

绘蓝书源 著

化学工业出版社
·北 京·

内容简介

本书旨在帮助读者快速掌握如何使用智能工具一键生成、美化和润色 PPT，本书以大量实际案例为基础，详细介绍了多种一键 PPT 工具的应用场景和操作方法，涵盖的场景包括企业宣传、技能培训、营销推广、活动策划、学术教育等多种类型。

此外，本书还分享了一系列实用的演示文稿制作技巧，例如批量添加动画、一键实现文本与图片排版、一键替换字体、一键快速翻译、批量添加 Logo 等，同时还精选了部分有设计感的排版样式作为案例，以帮助大家进一步提升 PPT 的美观度和视觉吸引力。

本书以通俗易懂的语言深入浅出地讲解了各种一键 PPT 工具的操作方法，无论是初学者还是有一定基础的读者，都可以将本书作为参考，以轻松应对各种类型 PPT 的制作需求。

图书在版编目（CIP）数据

AI一键PPT实用案例 / 绘蓝书源著. -- 北京 : 化学工业出版社, 2025.1. -- ISBN 978-7-122-46564-1

Ⅰ. TP391.412

中国国家版本馆CIP数据核字第20245H1M93号

责任编辑：刘晓婷　　责任校对：王　静

出版发行：化学工业出版社（北京市东城区青年湖南街13号　邮政编码 100011）

印　　装：北京宝隆世纪印刷有限公司

710mm × 1000mm　1/16　印张13　字数300千字　2025年1月北京第1版第1次印刷

购书咨询：010-64518888　　售后服务：010-64518899

网　　址：http://www.cip.com.cn

凡购买本书，如有缺损质量问题，本社销售中心负责调换。

定　　价：99.00元

前　言

在这个信息时代，PPT 因其直观、简洁、高效的表达特性，已经成为我们日常工作中不可或缺的演示工具。然而，许多人在制作 PPT 时，常常会遇到设计困难、内容组织混乱、时间不足等问题。如何快速、高效地制作出令人满意的 PPT，成了每一个职场人和学生共同关心的话题。

随着技术的发展，越来越多的智能化工具被开发出来，这些工具能够帮助用户简化 PPT 的制作过程，在短时间内生成高质量的作品，并实现个性化的设计。无论是专业设计师还是没有设计背景的用户，有了这些智能工具的助力，都能制作出令人印象深刻的演示文稿。

本书将围绕“一键 PPT”这一主题，详细介绍这些工具的应用场景与操作方法。书中精心挑选了具有代表性的多种工具和实用案例来向读者展示，涵盖了从基础操作到高级技巧的全面内容。除了一键 PPT 工具的使用方法之外，本书还介绍了一些实用的演示文稿制作技巧，以帮助读者提升 PPT 制作的效率，同时丰富演示的效果。

本书共分为五个部分，分别涵盖了一键生成 PPT、文档生成 PPT、一键美化 PPT、一键润色 PPT 以及实用演示技巧这几个类型的具体案例，每个案例都提供了详细的步骤说明和截图，以便读者可以快速学习和掌握核心技能。

在一键生成 PPT 和文档生成 PPT 的章节中，读者将了解如何使用 AiPPT、ChatPPT、WPS AI 等智能工具快速生成各种类型的演示文稿；在一键美化 PPT 这一章中，读者可以学习如何使用这些智能工具来对已生成的 PPT 进行快速美化，包括更换字体、颜色、布局等；在一键润色 PPT 这一章中，读者可以了解用智能工具来快速优化文本的方式；在实用演示技巧这一章中，读者可以掌握更多提升 PPT 质感、效率与美感的技巧。

通过阅读本书，读者朋友将能够迅速掌握一键生成 PPT 的核心技能，并显著提升 PPT 的制作水平。无论是在职场还是在各种社交场合，都能轻松应对，让每一场演示都成为个人魅力的展现。我们期待这本书能够成为大家 PPT 制作旅程中的良师益友，并陪伴大家从新手成长为高手，为职业生涯和生活增添更多的亮点与可能。

尽管本书的编著团队在创作与编审中倾尽全力，但受限于时间以及 AI 工具的不断革新，书中或存有未臻完善之处。我们衷心希望读者们能予以理解和包容，并期待您的宝贵意见作为我们前进的导向。

目 录 contents

第一章 

一键生成PPT

1.1 用 iSlide 生成企业宣传 PPT

AI 工具 iSlide

iSlide 是一款强大且智能的 PPT 制作辅助工具，它可以帮助用户实现一键智能生成完整且专业的 PPT 文档，并提供一键换肤、编辑大纲等功能，满足用户多样的个性化需求。

成果展示

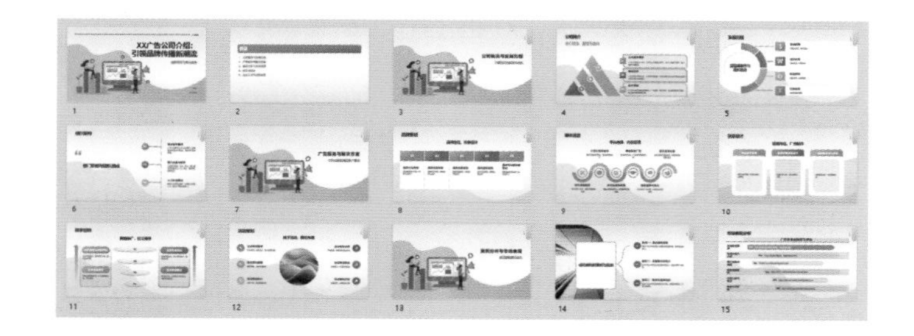

思维导图

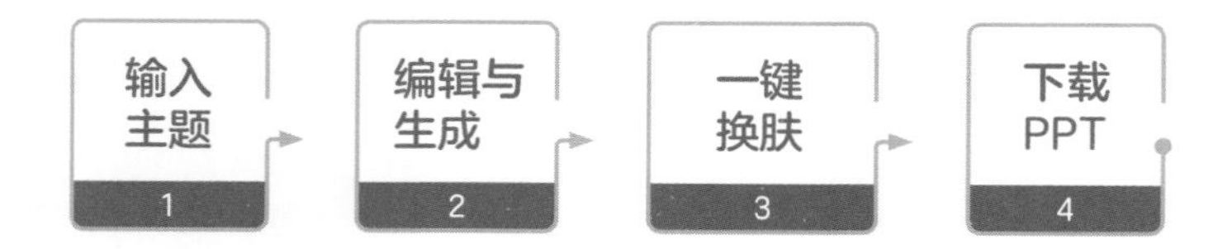

操作步骤

输入与“企业宣传介绍”相关的主题，AI 会根据此主题生成大纲和内容，同时还可以根据需求对已生成的内容进行编辑和修改。

第一步 输入主题

在首页对话框中输入想要创建的主题，然后单击右侧箭头按钮或者按 Enter 键，即可生成内容大纲，如图 1.1-1 所示。

图1.1-1

Tips

1. 在输入主题时，可以补充行业、用途、岗位等信息，这样智能生成的大纲内容会更丰富。

2. iSlide 平台分为网页版和客户端版，本案例展示使用的是网页版。网页版无须下载插件即可快速一键生成 PPT，客户端版本则拥有更多功能，用户可以根据自身需求来决定使用的版本。

第二步 编辑与生成

对生成的大纲进行查看，如果有想要调整的地方，单击对应的文字区域即可进行修改。如果觉得生成的大纲基本符合需求，单击下方“生成 PPT”按钮即可开始生成 PPT，如图 1.1-2 所示。

图1.1-2

Tips

如果对生成的大纲的整体结构不太满意，可以单击“重写”按钮，重新生成大纲。

第三步 一键换肤

生成 PPT 以后，单击 PPT 下方的箭头按钮可以对每一页 PPT 的内容与样式进行查看，如图 1.1-3 所示。

图1.1-3

如果想要更换整个 PPT 的模板，可以单击页面下方的“一键换肤”按钮，在右侧弹出的面板中挑选符合需求的模板，单击该模板右下角的“更换”按钮，即可完成更换，如图 1.1-4 所示。

图1.1-4

Tips

如果觉得面板内的所有模板都不符合需求，单击面板下方的“换一组”按钮即可更新模板。

第四步 下载 PPT

更换完模板之后，单击页面下方的“下载 PPT”按钮，即可导出 PPT，如图 1.1-5 所示。

图1.1-5

Tips

如果后续需要在 PPT 中插入图片或者对图片和字体进行修改等，可以用 PowerPoint 软件打开已导出的 PPT 来调整。

1.2 用 ChatPPT 一键生成技能培训 PPT

AI 工具 ChatPPT

ChatPPT 是一款自动生成幻灯片演示文稿的软件，它支持对话式创作演示文稿，并有超过 1400 种指令来辅助演示创作。ChatPPT 可以根据用户输入的内容值自动设计幻灯片的排版和样式，它可以将简短的文本提示转换为精美的 PPT，而无需用户进行烦琐的操作和设计。

成果展示

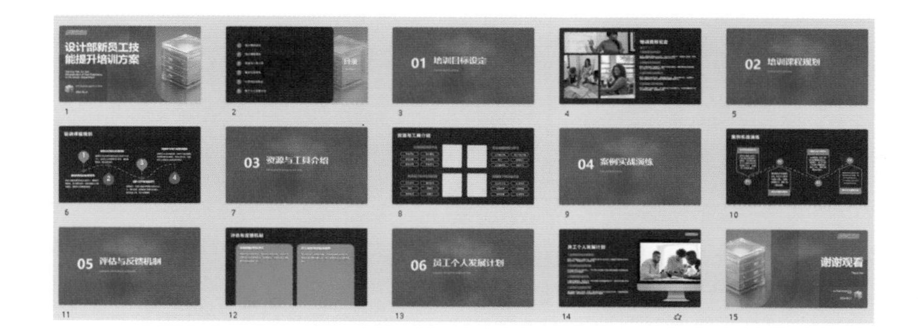

思维导图

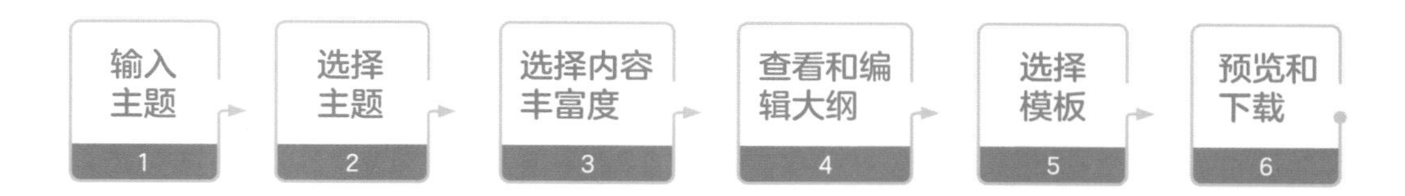

操作步骤

在对话框中输入与“职业技能培训”相关的 PPT 主题，即可快速一键生成 PPT 文档。

第一步 输入主题

在首页的对话框中输入主题，然后单击右侧“免费生成”按钮或者按 Enter 键进行提交，如图 1.2-1 所示。

1.2-1

Tips

除了网页版，用户还可以下载 ChatPPT 的官方插件，体验更丰富的创作功能。

第二步 选择主题

此时页面右侧面板中会生成 3 个主题，勾选符合需求的主题，单击“确认”按钮，如图 1.2-2 所示。

图1.2-2

Tips

如果生成的 3 个主题都不符合需求，单击“AI 重新生成”按钮即可。

第三步 选择内容丰富度

在 PPT 内容丰富度的选项中选择“普通”，如图 1.2-3 所示。

图1.2-3

Tips

内容丰富度的选择，与生成内容的速度和复杂程度有关，如果想要生成的内容更加丰富和复杂，则所需要生成的时间也越长，用户可以根据需求来进行选择。

第四步 查看和编辑大纲

生成内容大纲之后，可以进行查看，单击文字可以对其进行修改，单击文字后方的符号，可以依次对该段文字内容进行排序、添加或删除。对大纲内容进行确认之后，单击“使用”按钮即可，如图 1.2-4 所示。

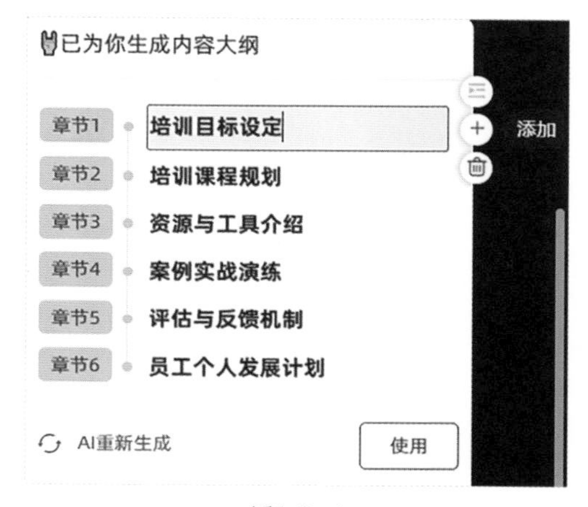

图1.2-4

第五步 选择模板

在生成的主题风格模板中选择符合需求的模板，然后单击“使用”按钮，即可开始生成 PPT，如图 1.2-5 所示。

图1.2-5

Tips

如果生成的主题风格都不符合需求，可以单击“AI 重新生成”按钮来生成新的一组主题风格。

第六步 预览和下载

生成 PPT 之后，可以在页面中逐页进行预览，单击右上方的“下载导出”按钮，可以导出该 PPT，如图 1.2-6 所示。

图1.2-6

1.3 用 AiPPT 生成员工展示 PPT

AI 工具 AiPPT

AiPPT 是一款一站式 PPT 在线生成工具。在 AiPPT 的帮助下，用户无须复杂操作，只需输入主题，即可一键生成高质量 PPT。同时，AiPPT 中大量的模板素材和多样的编辑功能也让演示文稿的创作更加得心应手。

成果展示

思维导图

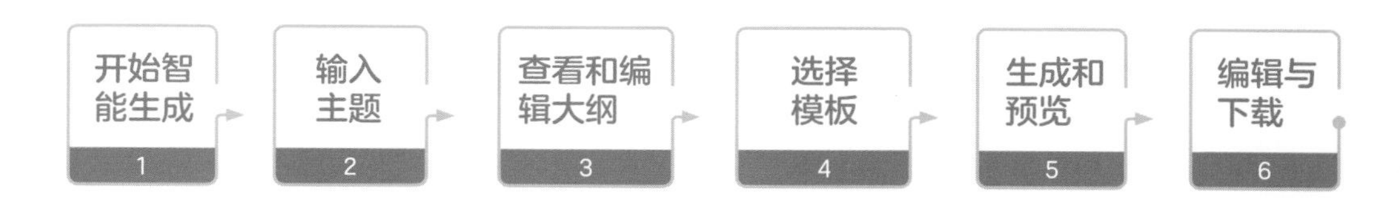

操作步骤

在对话框中输入与“团队成员展示”相关的 PPT 主题，AI 便能根据此主题智能生成 PPT。

第一步 开始智能生成

单击首页中的“开始智能生成”按钮，然后单击“AI 新增 PPT”按钮，如图 1.3-1、图 1.3-2 所示。

图1.3-1　　图1.3-2

在跳转的页面中再次单击“AI 智能生成”按钮，如图 1.3-3 所示。

图1.3-3

Tips

除了网页版，平台也提供桌面端的下载，用户可根据自身需求来决定使用哪个版本。

第二步 输入主题

在对话框中输入想要创建的 PPT 主题，然后单击右侧箭头按钮或者按 Enter 键，即可开始生成大纲，如图 1.3-4 所示。

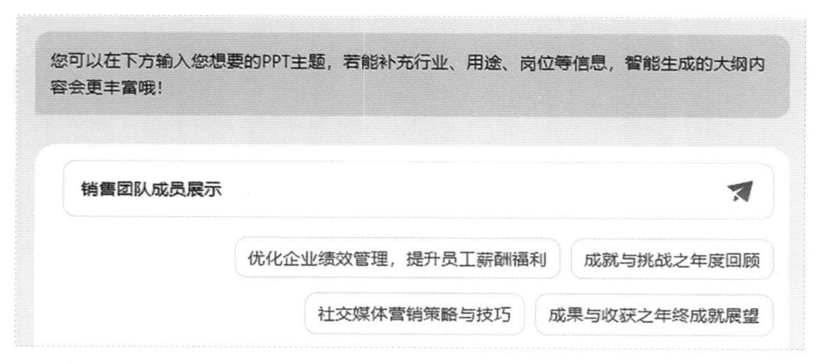

图1.3-4

Tips

如果不知道如何输入主题，可以参考对话框下方主题的格式来进行。

第三步 查看和编辑大纲

生成内容大纲之后，可以查看和编辑大纲内容。单击文字区域，即可对该区域的文字进行修改，如图 1.3-5 所示。

图1.3-5

> **Tips**
>
> 将鼠标移至大纲右上角的 ⊘ 符号，可以查看编辑指南，里面对如何使用快捷键来编辑大纲进行了简要说明。

第四步 选择模板

调整完大纲之后，单击“挑选 PPT 模板”按钮，如图 1.3-6 所示。

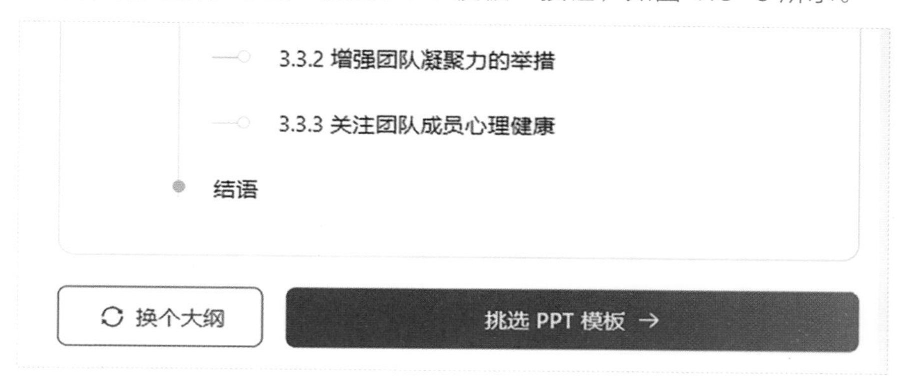

图1.3-6

在“模板场景”中单击“总结汇报”，在出现的模板中选择一套模板，然后单击“生成 PPT”按钮，即可开始生成 PPT，如图 1.3-7 所示。

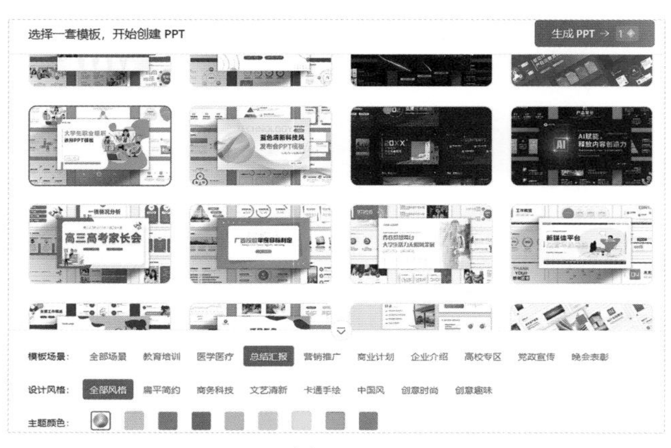

图1.3-7

Tips

除了模板场景，用户还可以根据需求对设计风格和主题颜色进行选择。

第五步 生成和预览

生成 PPT 之后，单击右侧“PPT 预览”面板中的单页，可以查看该单页的内页和样式。预览之后，如果想要直接导出 PPT，可以单击页面右下方的“下载”按钮；如果还需要对 PPT 进行编辑，单击“去编辑”按钮即可，如图 1.3-8 所示。

图1.3-8

第六步 编辑与下载

在编辑页面，可以对该 PPT 再次进行大纲调整、模板替换、插入元素等操作。编辑完成后，单击右上方的“下载”按钮，可以下载该 PPT，如图 1.3-9 所示。

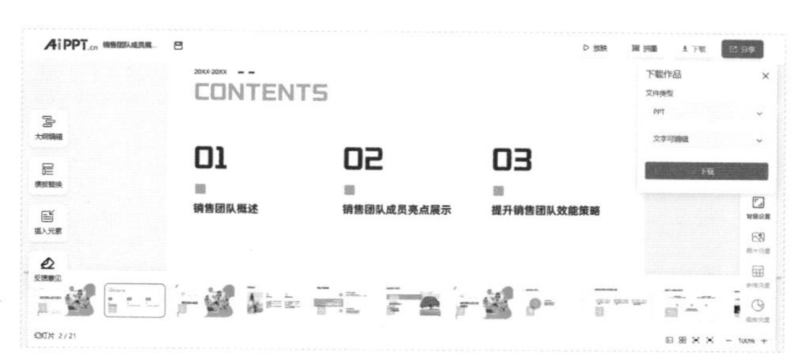

图1.3–9

Tips

在下载之前，如果想要更好地感受整个PPT的视觉效果，可以单击右上方的“放映”按钮来进行全屏预览。

1.4 用MINDSHOW生成绩效考核PPT

AI工具 MINDSHOW

MINDSHOW作为一款可以一键智能生成演示文稿的在线工具，支持通过输入的标题来生成PPT大纲并自动配图和排版，让用户可以轻松地制作出专业级别的幻灯片。

成果展示

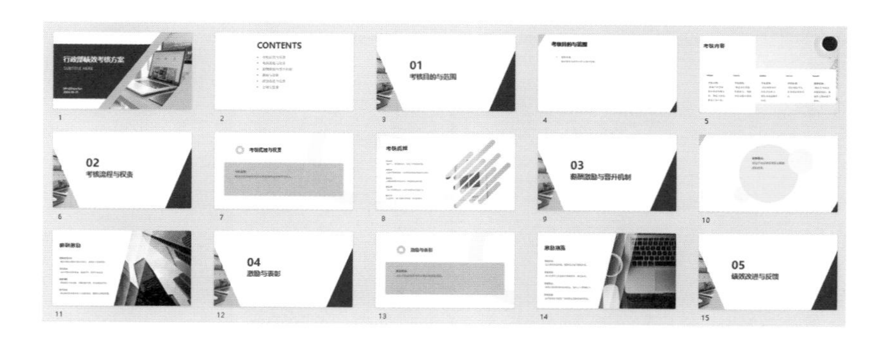

思维导图

操作步骤

在对话框中输入与“绩效考核方案”相关的 PPT 标题，MINDSHOW 会自动做好排版，生成演示。

第一步 输入主题

在 MINDSHOW 首页的对话框中输入想要创建的主题，然后单击右侧“AI生成内容”按钮或者按 Enter 键，如图 1.4-1 所示。

图1.4-1

第二步 预览和编辑大纲

在弹出的面板右侧可以对生成的大纲内容进行预览，如果觉得该内容基本符合需求，可以单击下方的“生成 PPT”按钮来生成 PPT，如图 1.4-2 所示。

图1.4-2

如果想要调整生成的大纲内容，可以在面板左侧对 PPT 的主题、语言、需要显示的内容等部分进行重新输入或选择，然后单击“重新生成内容”按钮即可生成新的 PPT 大纲内容，如图 1.4-3 所示。

图1.4-3

Tips

如果觉得生成的 PPT 页数过多，可以勾选“内容精简归纳”按钮或者拖动“PPT 的章节”下方的横条来控制生成的页数。

第三步 调整与细化

生成 PPT 之后，可以继续在跳转的编辑页面中对整个 PPT 的内容进行细化和调整。单击文字区域，即可对该区域的文字内容进行修改，同时也可以在右侧边栏中预览该文字内容所在页面的详情，如图 1.4-4、图 1.4-5 所示。

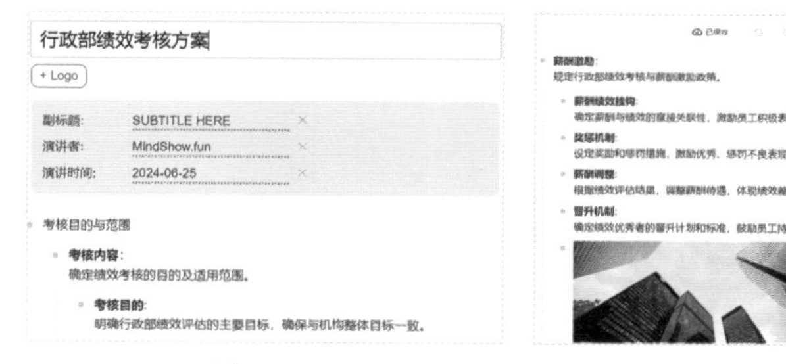

图1.4-4

图1.4-5

Tips

1. 单击“+Logo”按钮，可以在 PPT 中上传和添加 Logo。

2.AI 生成的 PPT 大纲往往只是给出相应的框架结构，用户还需要在此基础上去修改和填充其中的细节内容。

第四步 更换模板

如有需要，可以在右侧边栏的“模板”选项下一键更换整个 PPT 的模板，如图 1.4-6 所示。

图1.4-6

第五步 演示与下载

编辑完成后，可以单击页面右上方的“演示”按钮对 PPT 的整体效果进行预览，然后单击“下载”按钮来导出 PPT，如图 1.4-7 所示。

图1.4-7

1.5 用 WPS AI 生成制度培训 PPT

AI 工具 WPS AI

WPS AI 集成了先进人工智能技术的智能办公解决方案，为用户提供一体化的智能办公环境，其智能演示文稿功能支持一键生成 PPT，让用户从烦琐的 PPT 制作工作中“释放”。

成果展示

思维导图

操作步骤

在对话框中输入与“企业制度培训”相关的内容，WPS AI 便会根据输入的内容开始生成 PPT。

第一步 智能创作

打开 WPS，新建演示文稿，然后单击“智能创作”按钮，如图 1.5-1、图 1.5-2 所示。

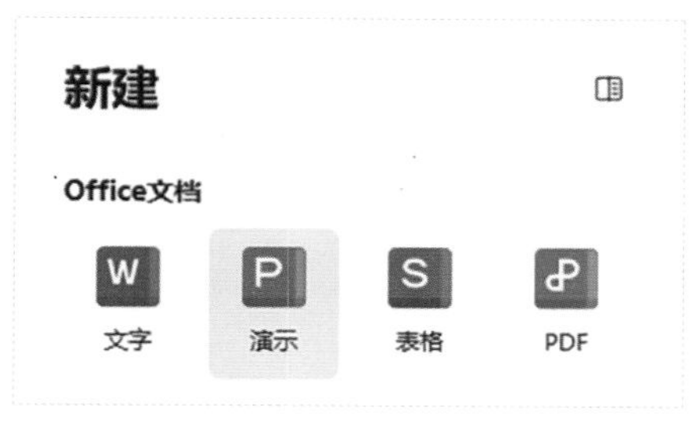

图1.5-1

图1.5-2

第二步 输入主题

在弹出的对话框中输入想要创建的PPT主题，然后单击右下方的“开始生成”按钮或者按Enter键，即可开始生成大纲，如图1.5-3所示。

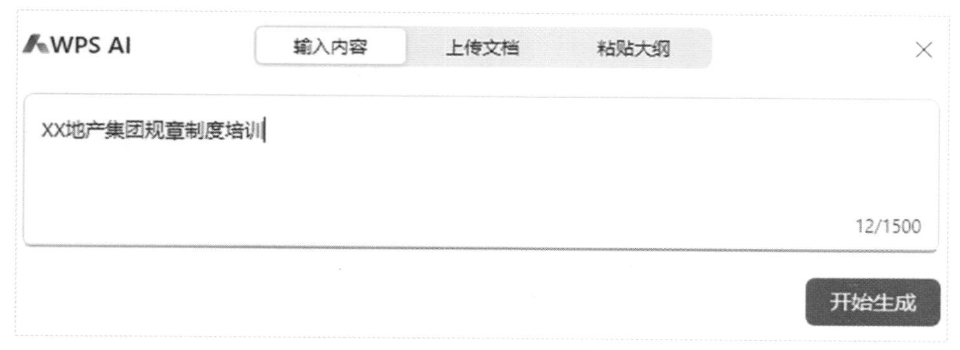

图1.5-3

第三步 编辑大纲

生成大纲之后，可以查看并编辑大纲内容。单击文字区域，即可对该区域的文字内容进行修改，单击 符号，可以进行新增、删除、降低或者提升层级等操作。调整完大纲之后，单击右下角的“挑选模板”按钮，即可开始挑选模板，如图 1.5-4 所示。

图1.5-4

第四步 选择模板

在跳转的页面右侧面板中，单击符合需求的模板，然后单击“创建幻灯片”按钮，如图 1.5-5 所示。

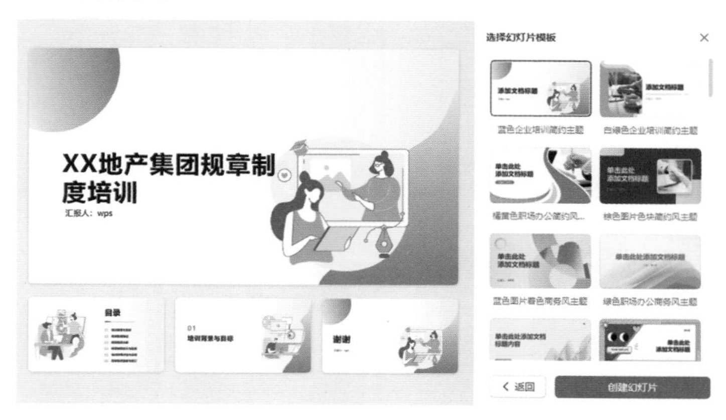

图1.5-5

Tips

单击不同的模板时，可以在页面左侧预览该模板的大致风格。

第五步 查看与编辑

创建完幻灯片之后，可以在 WPS 中查看每一页的内容和样式，并利用 WPS 自带的美化功能来进行编辑。调整完成后，对该 PPT 文件进行另存为即可，如图 1.5-6 所示。

图1.5-6

Tips

WPS 支持将演示文稿导出为 PPT、PPTX、PDF 等多种格式，用户可以根据自身需求来进行选择。

1.6 用腾讯文档 AI 生成行业洞察 PPT

AI 工具 腾讯文档 AI

腾讯文档 AI 是腾讯推出的一款集成在腾讯文档平台上的智能助手，它利用先进的人工智能技术，为用户提供了一系列高效、多功能的文档处理和创作体验。腾讯文档 AI 可以根据用户的指令一键生成幻灯片，提升创作 PPT 的整体效率。

成果展示

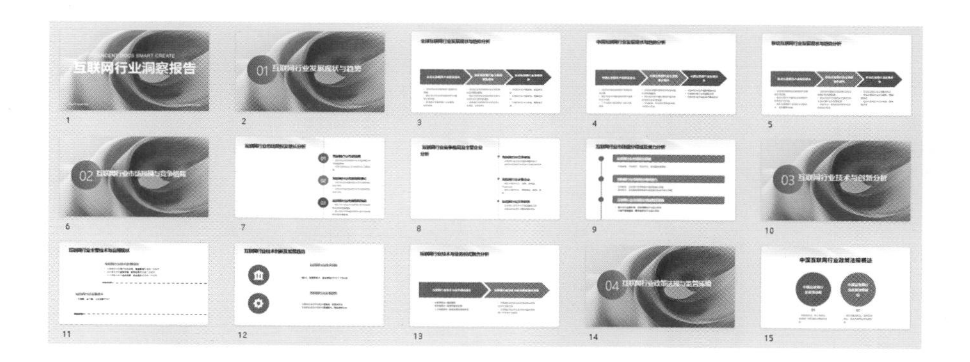

思维导图

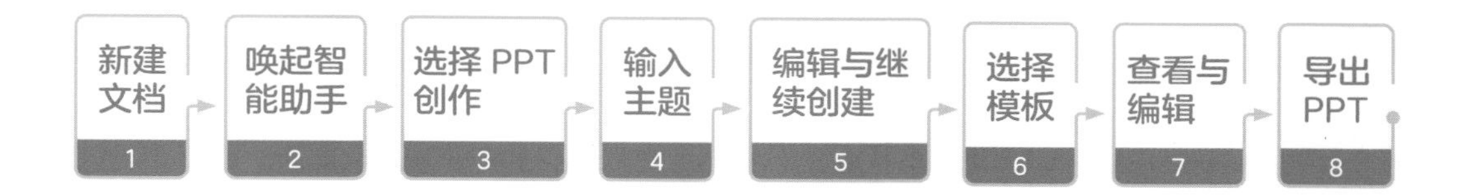

操作步骤

通过与腾讯文档智能助手进行对话，只需输入主题或参考材料，即可一键生成PPT。

第一步 新建文档

打开腾讯文档，新建幻灯片文档，然后单击“空白幻灯片”按钮，如图1.6-1、图1.6-2所示。

图1.6-1　　图1.6-2

Tips

当单击“通过 AI 新建”按钮没有及时反应时，单击“空白幻灯片”按钮同样可以使用腾讯文档智能助手来创建 PPT。

第二步 唤起智能助手

单击空白文档右下角的按钮，唤起腾讯文档智能助手，如图 1.6-3 所示。

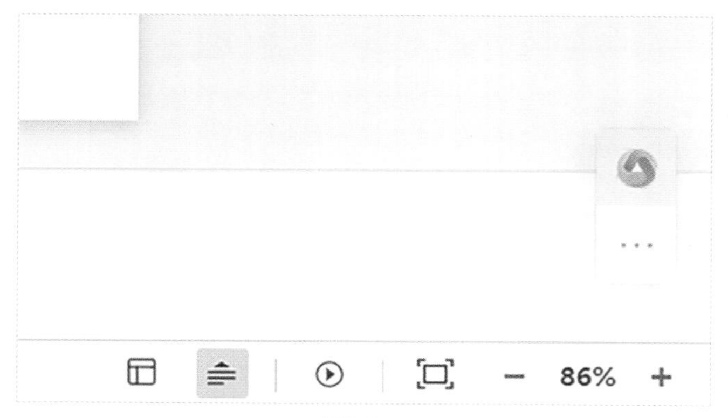

图1.6-3

第三步 选择 PPT 创作

在弹出的对话框中单击“PPT 创作”按钮，如图 1.6-4 所示。

图1.6-4

第四步 输入主题

在选择生成方式时，单击“输入主题生成”按钮，如图 1.6-5 所示。在对话框中输入想要创建的 PPT 主题，然后单击右侧箭头按钮或者按 Enter 键进行提交，如图 1.6-6 所示。

图1.6-5　　图1.6-6

Tips

1. 用户也可以选择以材料生成的方式来创建 PPT。
2. 单击 ✎ 按钮，可以对指令进行重写。

第五步 编辑与继续创建

生成大纲之后，可以查看并编辑大纲内容。如果觉得生成的大纲内容符合需求，单击“继续创建”按钮即可开始挑选模板，如图 1.6-7 所示。

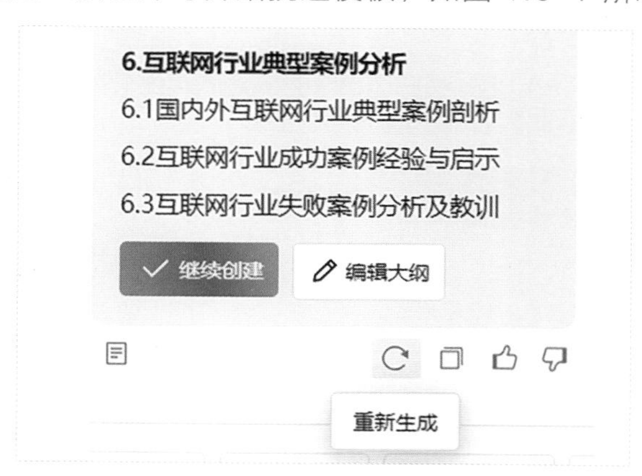

图1.6-7

第六步 选择模板

在跳转的页面中浏览并单击符合需求的模板，然后单击“继续生成”按钮，即可开始生成 PPT，如图 1.6-8 所示。

图1.6-8

单击不同的模板时，可以在页面左侧预览该模板的大致风格。

第七步 查看与编辑

生成 PPT 之后，可以根据自身需求来选择将 PPT 内容插入正文还是创建新文档，如图 1.6-9 所示，随后可以在腾讯文档中查看每一页的内容和样式，并利用腾讯文档自带的美化功能来进行编辑。

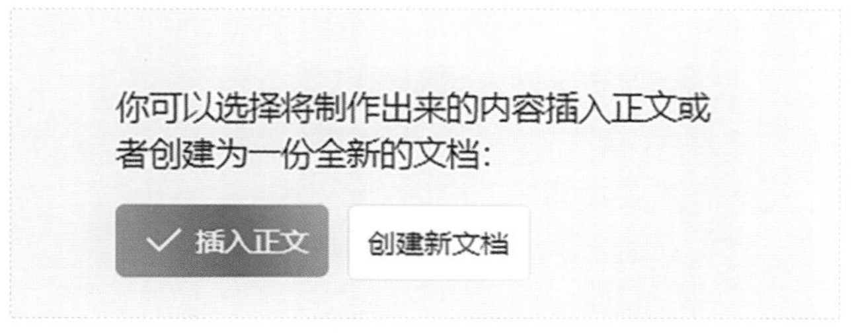

图1.6-9

第八步 导出 PPT

调整完成后，单击页面右上方的 ≡ 按钮，即可将 PPT 进行导出，如图 1.6-10 所示。

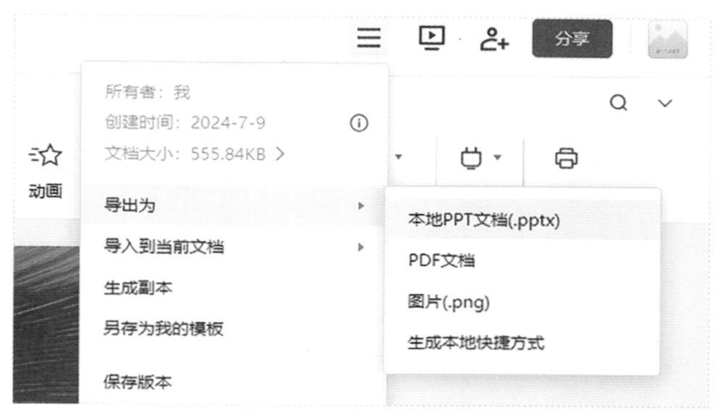

图1.6-10

1.7 用比格PPT生成节日策划PPT

AI工具 比格PPT

比格PPT是基于大语言模型下的生成式人工智能应用，用户只需输入主题即可一键生成PPT，并且支持PPT大纲的修改和模板的一键更换，帮助用户高效且轻松地创建PPT，释放生产力。

成果展示

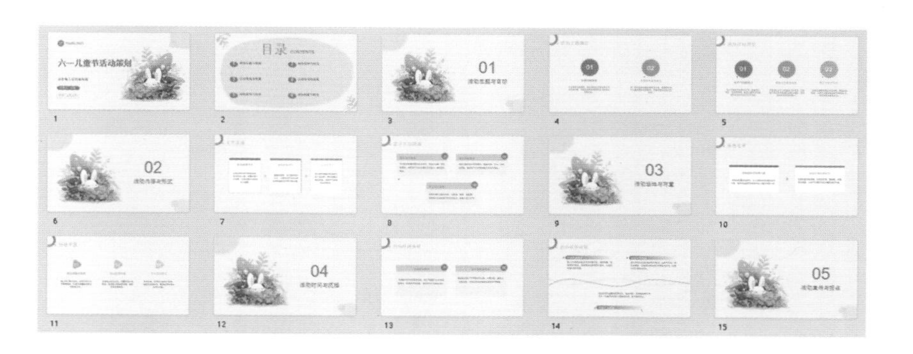

思维导图

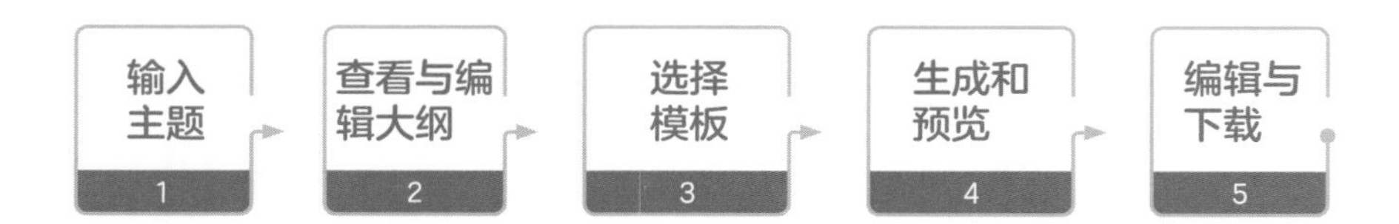

操作步骤

在对话框中输入任意主题内容或者导入大纲，便可以一键快速生成 PPT。

第一步 输入主题

在比格 PPT 首页的对话框中输入想要创建的主题，然后单击右侧“AI 立即生成”按钮或者按 Enter 键，即可开始生成大纲，如图 1.7-1 所示。

图1.7-1

> Tips
>
> 每生成一次 PPT 会消耗一次生成次数，免费注册用户会拥有三次生成次数，如果想要更多的生成次数，需要购买比格 PPT 会员。

第二步 查看与编辑大纲

生成内容大纲之后，可以查看和编辑大纲内容。单击文字区域，即可对该区域的文字进行修改。调整完成后，单击“下一步”按钮，即可开始选择模板，如图 1.7-2 所示。

图1.7-2

单击“换个主题”按钮，可以重新输入主题并生成新的大纲。

第三步 选择模板

在弹出的模板选择页面中，对想要的风格或颜色进行选择，单击符合需求的模板，然后单击“开始生成”按钮，即可开始生成 PPT，如图 1.7-3 所示。

图1.7-3

第四步 生成和预览

生成 PPT 之后，可以在页面中对 PPT 每一页的样式和内容进行预览。完成预览后，单击“开始编辑”按钮，即可进入到编辑页面，如图 1.7-4 所示。

图1.7-4

Tips

如果想要在这一步重新选择模板，单击“替换模板”按钮即可。

第五步 编辑与下载

在编辑页面，可以对该 PPT 再次进行大纲调整、模板替换、更换背景图等操作。编辑完成后，单击页面右上方的“下载”按钮，即可下载该 PPT，如图 1.7-5、图 1.7-6 所示。

图1.7-5

图1.7-6

Tips

如果想要演示或者分享该 PPT，单击“演示”或“分享”按钮即可。

1.8 用秒出 PPT 生成创业计划 PPT

AI 工具 秒出 PPT

秒出 PPT 是一款可以通过 AI 技术实现快速制作 PPT 演示文稿的工具，无论是输入自己的主题和要求，还是导入内容，都能够一键完成 PPT 的创作。

成果展示

思维导图

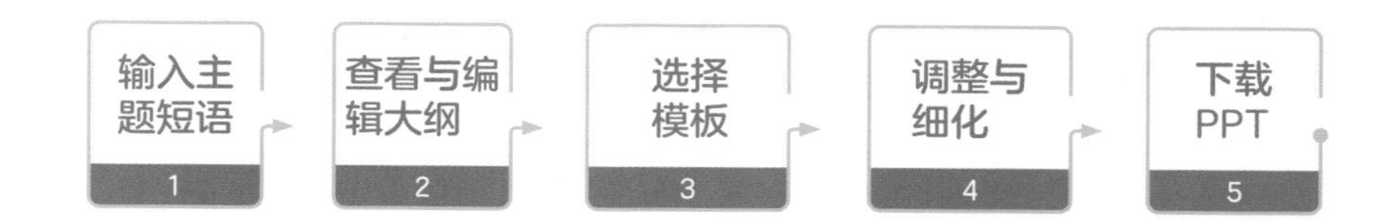

操作步骤

在对话框中输入主题短语或者具体的生成要求，即可快速生成 PPT。

第一步 输入主题短语

在秒出 PPT 首页单击“输入主题或要求”按钮，然后单击“主题短语”按钮，在对话框中输入想要创建的主题，然后单击右侧“智能生成”按钮或者按 Enter 键，即可开始生成大纲，如图 1.8-1 所示。

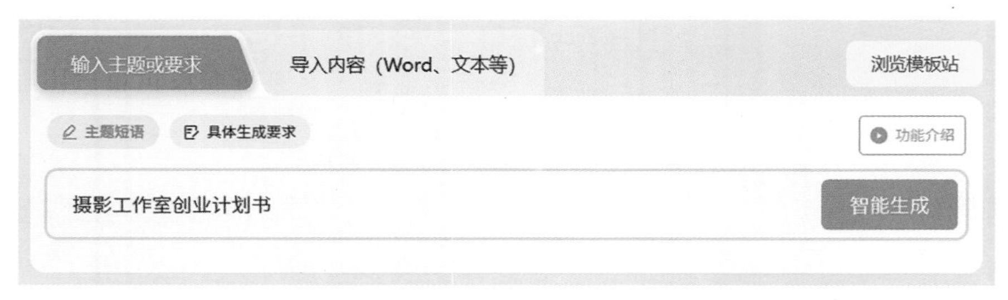

图1.8-1

Tips

如果想要按具体生成要求来生成大纲，输入的要求需要尽可能详细，可以参考示例格式来进行，如图 1.8-2 所示。

图1.8-2

第二步 查看与编辑大纲

生成内容大纲之后，可以查看和编辑大纲内容。单击文字区域，即可对该区域的文字进行修改。调整完成后，单击“确认内容，挑选模板”按钮，即可开始选择模板，如图 1.8-3 所示。

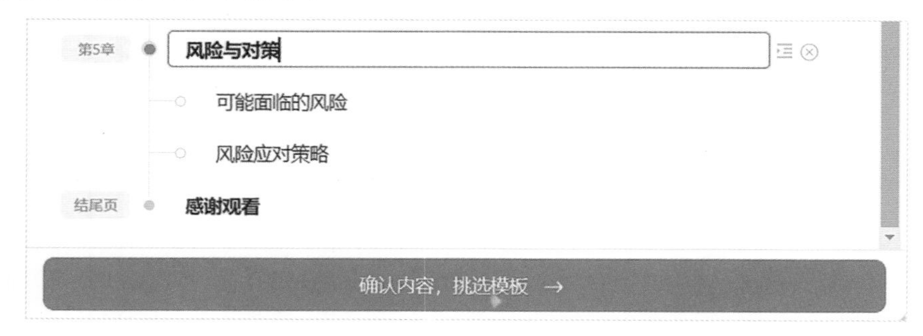

图1.8-3

第三步 选择模板

在弹出的模板选择界面中，对想要的风格或颜色进行选择，单击符合需求的模板，然后单击“生成 PPT”按钮，即可开始生成 PPT，如图 1.8-4、图 1.8-5 所示。

图1.8-4

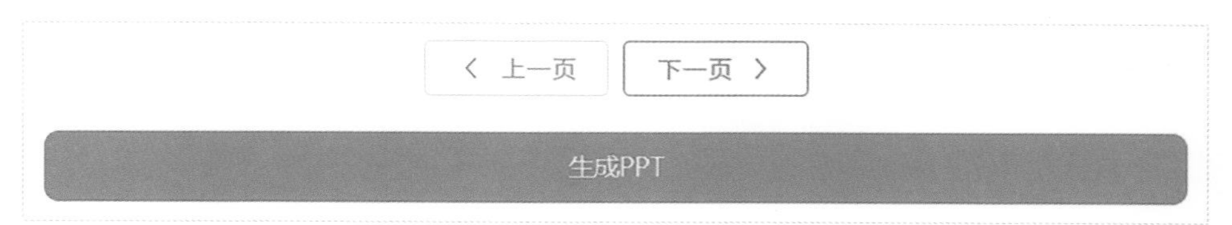

图1.8-5

第四步 调整与细化

生成 PPT 之后，可以继续在跳转的编辑页面中对整个 PPT 的内容进行细化和调整，包括修改主题与细节、更换模板、调整单页布局等，如图 1.8-6、图 1.8-7 所示。

图1.8-6

图1.8-7

第五步 下载 PPT

编辑完成后，如果想要导出 PPT，可以单击编辑页面右上方的“下载”按钮，在弹出的下载页面中对文件类型和需要下载的页面进行选择，最后单击下载页下方的“立即下载”按钮即可，如图 1.8-8、图 1.8-9 所示。

图1.8-8

图1.8-9

1.9 用 OfficePLUS 生成艺术展览 PPT

AI工具 OfficePLUS

OfficePLUS 是微软官方出品的 Office 插件，用户可以在 PowerPoint 中发现其身影。OfficePLUS 拥有海量的模板和高度自由的编辑功能，可以帮助用户在不借助其他第三方工具的情况下，轻松实现一键生成幻灯片。

成果展示

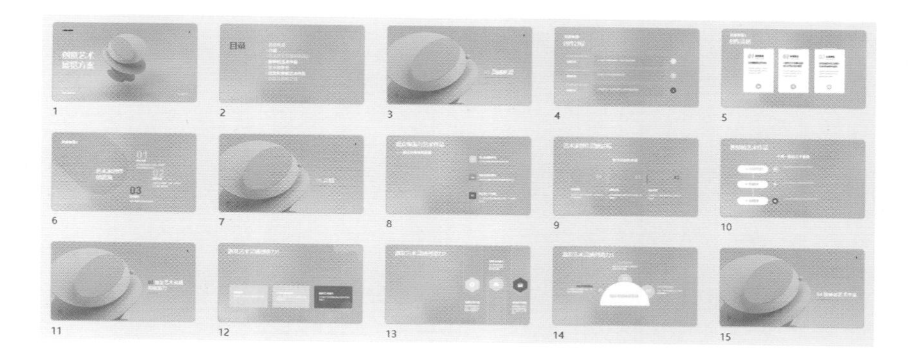

思维导图

操作步骤

唤起 PPT 小助手，通过对话来生成大纲和模板，实现 PPT 的快速创作。

第一步 唤起 PPT 小助手

打开 PowerPoint，新建空白演示文稿，在菜单栏中单击 OfficePLUS 选项卡，然后单击“PPT 小助手”选项，如图 1.9-1、图 1.9-2 所示。

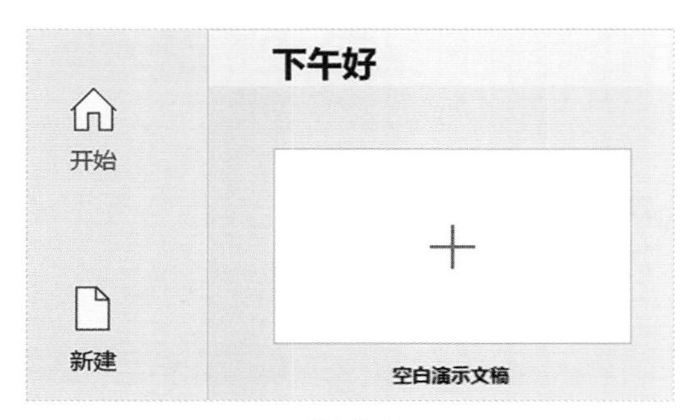

图1.9-1

图1.9-2

第二步 输入主题

此时会弹出一个 AI 助手对话页面，在对话框中输入想要创建的 PPT 主题，在弹出的选项框里单击合适的主题，即可开始生成大纲，如图 1.9-3 所示。

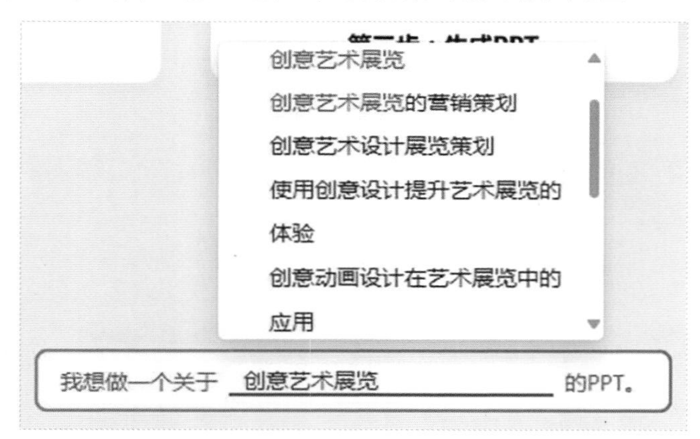

图1.9-3

第三步 选择模板

生成大纲后，可以查看并编辑大纲内容。单击文字区域，即可对该区域的文字内容进行修改。调整完成后，单击“挺好的，就用这个大纲”按钮，即可开始生成模板，如图 1.9-4 所示。

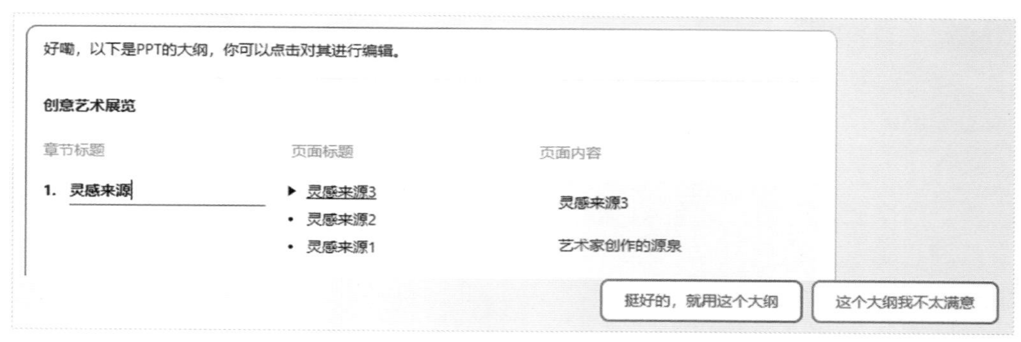

图1.9-4

第四步 确认模板

生成模板之后，可以单击箭头按钮翻页预览。如果觉得该模板比较符合需求，单击“使用这个 PPT”按钮或者“挺好的，就用这个吧”按钮进行确认即可，如图 1.9-5 所示。

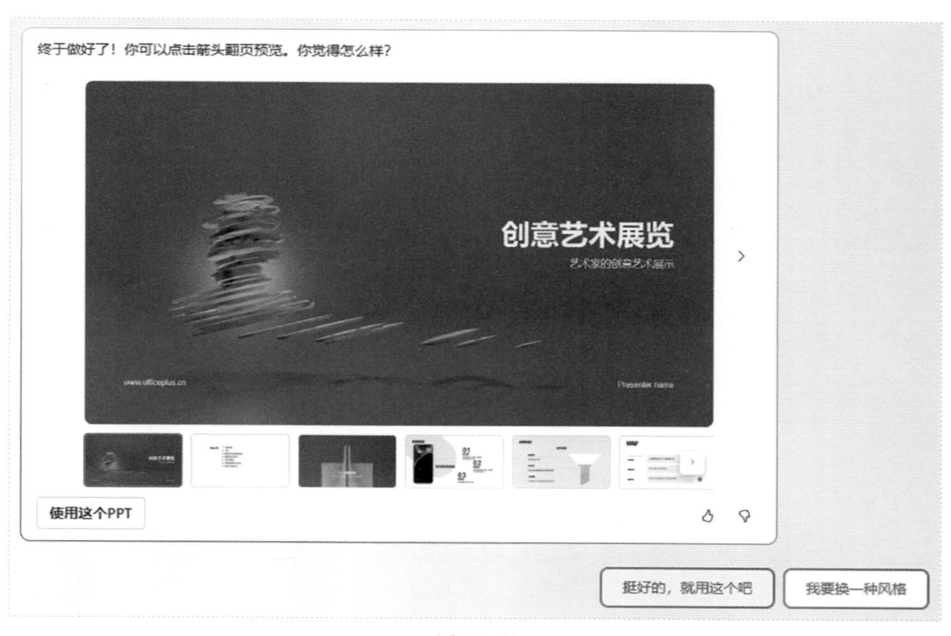

图1.9-5

Tips

如果想要在这一步重新选择模板，单击“我要换一种风格”按钮即可。

第五步 查看与编辑

确认过模板之后，可以单击页面底部的“立即编辑”按钮进入 PowerPoint 的编辑页面，如图 1.9-6 所示。

图1.9-6

用户可以在此页面中查看每一页 PPT 的内容与样式，并且可以对该 PPT 再次进行内容调整、一键换肤、更换字体等操作。调整完成后，对该 PPT 文件进行另存为即可，如图 1.9-7 所示。

图1.9-7

1.10 用讯飞智文生成知识讲座 PPT

AI 工具 讯飞智文

讯飞智文是科大讯飞推出的一款人工智能文档创作平台，它基于讯飞星火认知大模型，不仅支持 AI 写作与配图，也支持一键生成 PPT，让工作和学习更加轻松高效。

成果展示

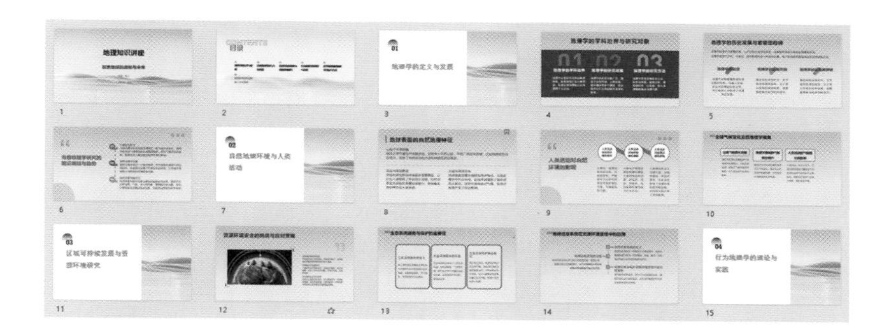

思维导图

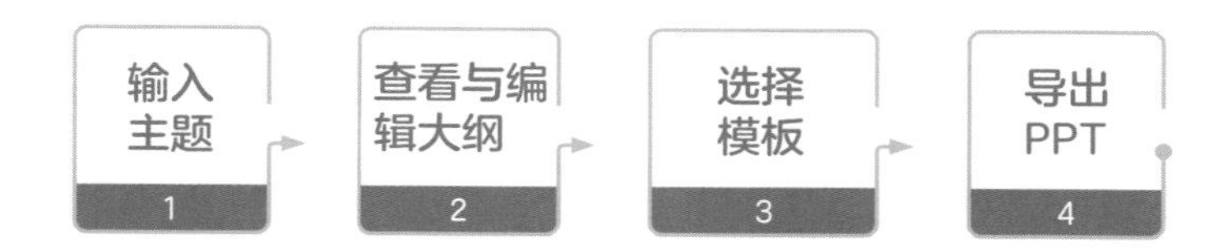

操作步骤

讯飞智文会根据输入的主题自动生成 PPT，提升演示文稿的制作效率。

第一步 输入主题

在讯飞智文首页单击“主题创建”按钮，如图 1.10-1 所示。在文本框中输入创建的 PPT 主题，然后单击右侧箭头或者按 Enter 按钮，如图 1.10-2 所示。

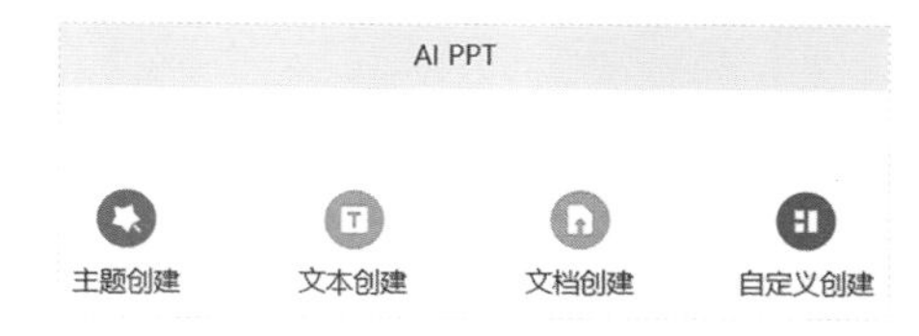

图1.10-1

图1.10-2

Tips

用户可以根据需求来决定是否需要勾选演讲备注和AI配图的选项，开启生成演讲备注后，生成时间会增加1～2分钟。

第二步 查看与编辑大纲

生成内容大纲之后，可以查看和编辑大纲内容。如果想对主标题或者副标题进行修改，需要单击文字后面的按钮，如图1.10-3所示。

图1.10-3

如果想对章节标题和正文内容进行修改，单击相应的文字区域即可。修改完成后，单击“确定”按钮，即可完成修改。编辑完成后，单击“下一步”按钮，即可开始选择模板，如图1.10-4所示。

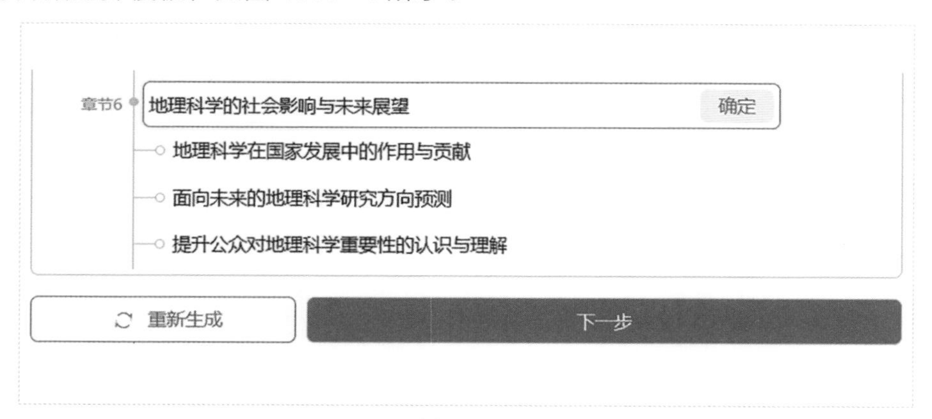

图1.10-4

第三步 选择模板

在跳转的页面中单击想要的模板，然后单击“下一步”按钮，即可开始生成PPT，如图1.10-5所示。

图1.10-5

第四步 导出 PPT

生成 PPT 之后，如果觉得该 PPT 基本符合要求，单击右上方的“导出”按钮，然后单击“下载到本地”选项。在弹出的选项框中单击“PPT 文件”选项，然后单击“确定”按钮，即可导出该 PPT，如图 1.10-6、图 1.10-7 所示。

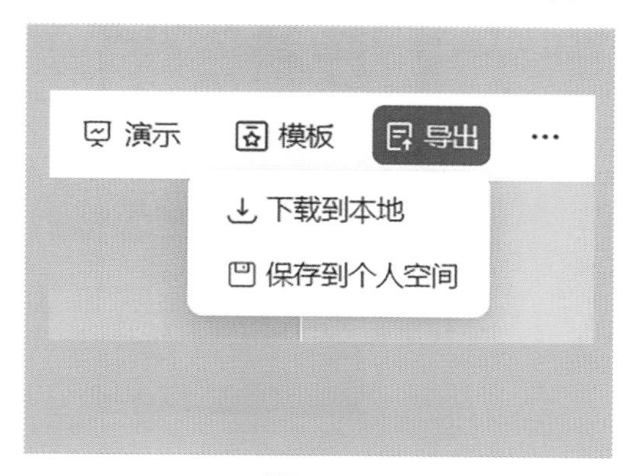

图1.10-6

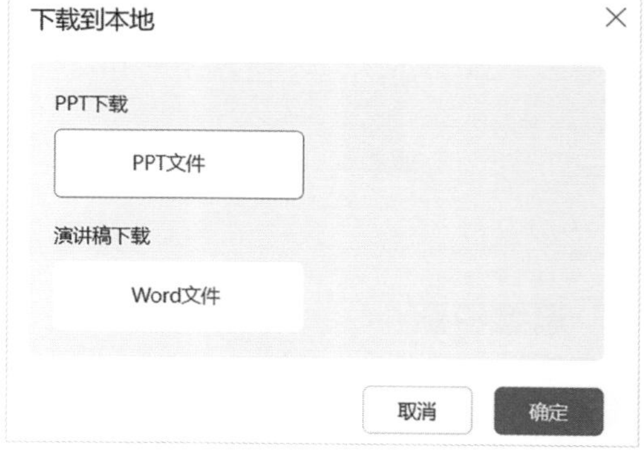

图1.10-7

Tips

1. 如果觉得该PPT还有需要调整的地方，既可以在该编辑页面内进行修改，也可以导出 PPT 之后，在 PowerPoint 软件中进行修改。

2. 讯飞智文提供的可供更换的模板数量偏少，如果还想给 PPT 尝试更多风格的模板，可以借助 WPS AI 或者 PowerPoint 软件中的 OfficePLUS 插件来完成。

1.11 用百度文库生成读书笔记 PPT

AI 工具 百度文库

百度文库是一个一站式 AI 内容获取和创作平台，其 AI 辅助功能不仅帮助支持生成文档、图片，还能帮助用户高效地创建 PPT，同时还支持对生成的 PPT 进行 AI 二次编辑、手动编辑、格式转换及导出等多样化操作。

成果展示

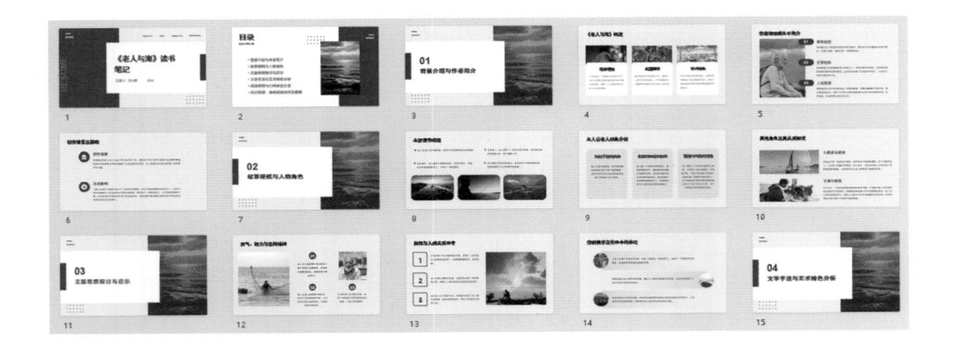

思维导图

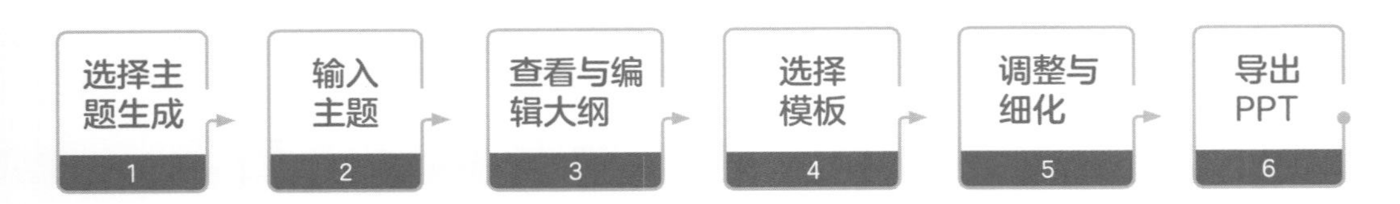

操作步骤

通过和百度文库的 AI 智能助手进行交互对话，来实现一键生成 PPT。

第一步 选择主题生成

进入百度文库首页，在右侧智能助手面板中单击“AI 辅助生成 PPT”按钮，在弹出的对话框中单击“输入主题直接生成 PPT”按钮，如图 1.11-1、图 1.11-2 所示。

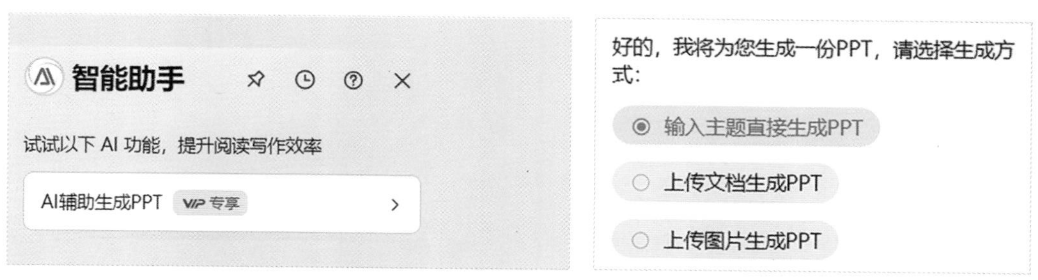

图1.11-1　　图1.11-2

第二步 输入主题

在面板底部的对话框中输入想要创建的 PPT 主题，然后单击右侧箭头按钮或者按 Enter 键，即可开始生成大纲，如图 1.11-3 所示。

图1.11-3

第三步 查看与编辑大纲

生成大纲后，可以查看并编辑大纲内容。单击“编辑”按钮，然后再单击文字区域，即可对该区域的文字内容进行修改。调整完成后，单击“生成 PPT”按钮，即可开始选择模板，如图 1.11-4 所示。

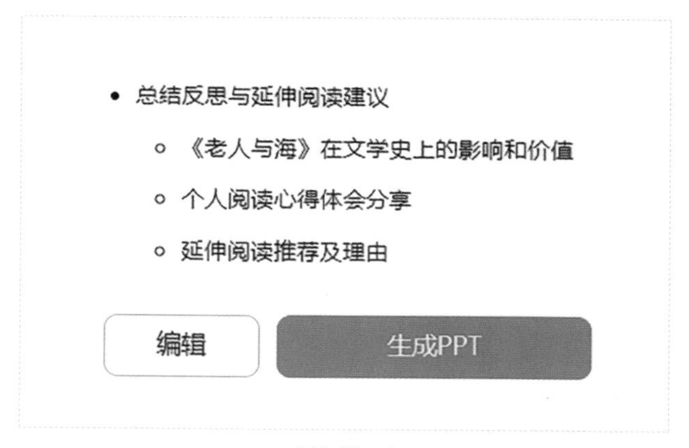

图1.11-4

第四步 选择模板

在模板选择页面中单击符合需求的模板，然后单击“继续生成”按钮，即可开始生成 PPT，如图 1.11-5 所示。

图1.11-5

> **Tips**
> 用户也可以在这一步上传自己喜欢的模板进行使用。

第五步 调整与细化

生成 PPT 之后，可以在编辑页面中对整个 PPT 的内容进行细化和调整，包括调整文字、更换模板、更换配图等，如图 1.11-6 所示。

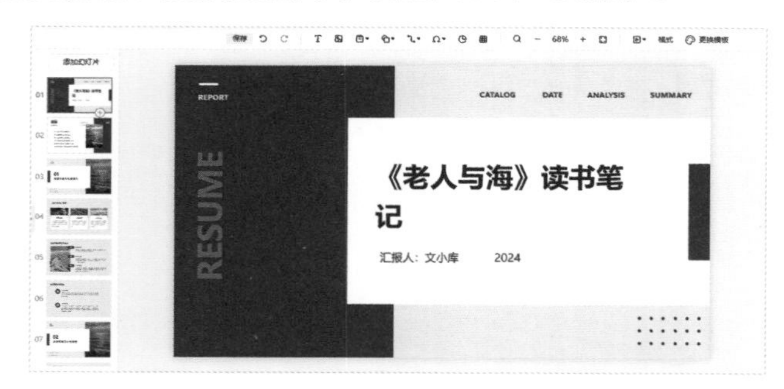

图1.11-6

第六步 导出 PPT

编辑完成后，如果想要导出 PPT，单击页面右下角的“导出”按钮即可，如图 1.11-7 所示。

图1.11-7

1.12 用文心一言生成营销策略 PPT

AI 工具 文心一言

文心一言是百度基于文心大模型技术推出的“生成式对话产品”，它与百度文库之间存在技术合作与服务融合，因此用户也可以直接在文心一言平台上使用百度文库 AI 助手来帮助自己一键生成 PPT。

成果展示

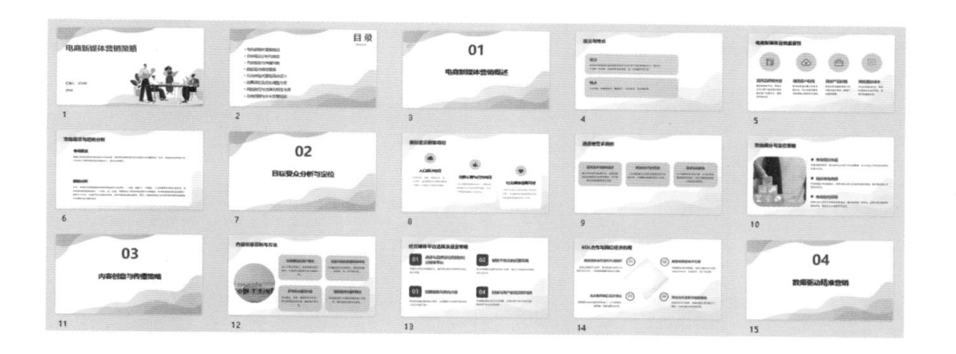

思维导图

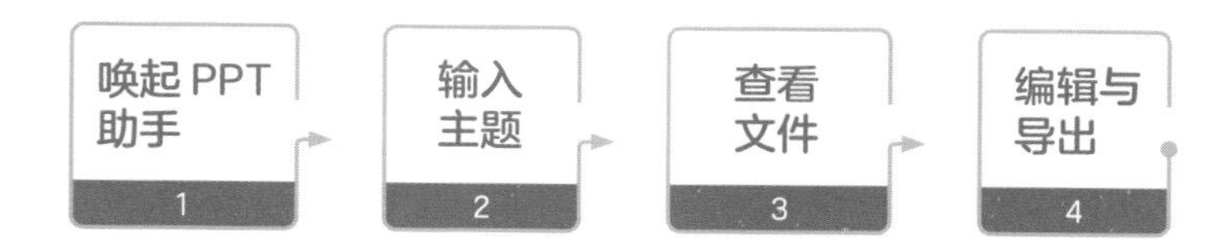

操作步骤

在文心一言中唤起“PPT 助手”智能体，即可接入到百度文库的 AI 助手，然后一键生成 PPT。

第一步 唤起 PPT 助手

在文心一言首页右侧边栏中单击“PPT 助手”按钮，如图 1.12-1 所示。

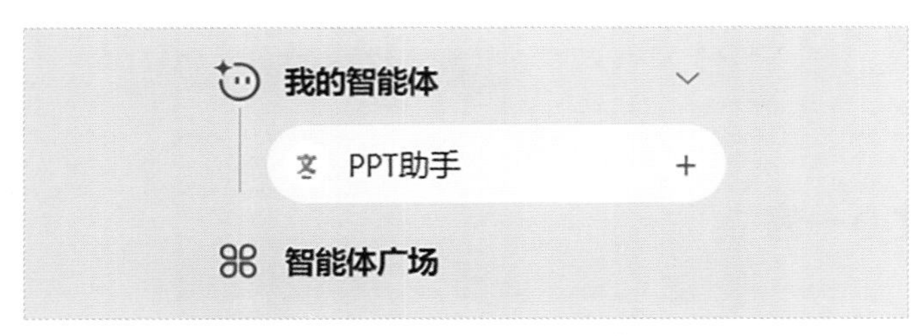

图1.12-1

Tips

如果未能在“我的智能体”当中看到“PPT助手”，可以在智能体广场中搜索并添加。

第二步 输入主题

在对话框中输入想要创建的PPT主题，然后单击右侧箭头按钮或者按Enter键，即可开始生成PPT，如图1.12-2所示。

图1.12-2

Tips

输入主题指令后，单击 按钮或者按Tab键，可以对指令内容进行润色。

第三步 查看文件

生成PPT后，单击“查看文件”按钮，即可进入到编辑页面，如图1.12-3所示。

图1.12-3

Tips

1. 在文心一言中使用PPT助手生成PPT时，不会让用户提前预览大纲和选择模板，用户仅能看到生成的封面页。在单击“查看文件”按钮之后，用户才能进行后续的编辑与修改。

2. 如果对生成的封面页不太满意，可以单击“重新生成”按钮来生成新的PPT，该功能最多支持5次重新生成。

第四步 编辑与导出

进入到编辑页面后，可以按需求对PPT的文字、图片和模板进行编辑，随后导出PPT即可，如图1.12-4所示。

图1.12-4

1.13 用紫东太初生成地产招商PPT

AI工具 **紫东太初**

紫东太初是新一代全模态大模型，能够执行多轮问答、文本创作、图像生成等多种任务。紫东太初将ChatPPT接入到平台当中，结合自身AI功能的交互性，让用户在不用切换第三方工具的情况下，也能快速一键生成PPT。

成果展示

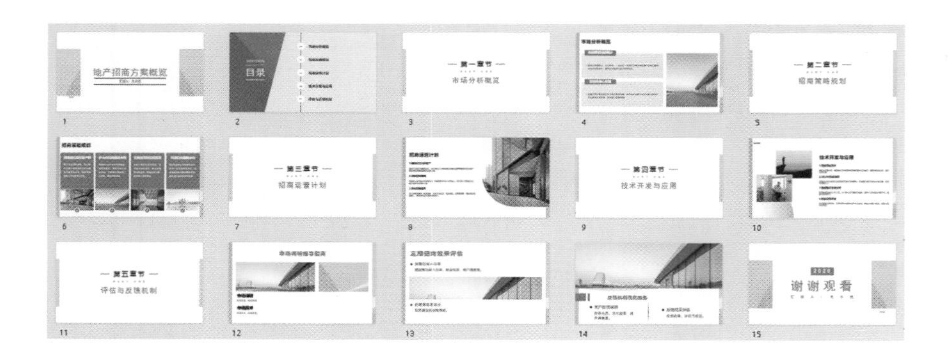

思维导图

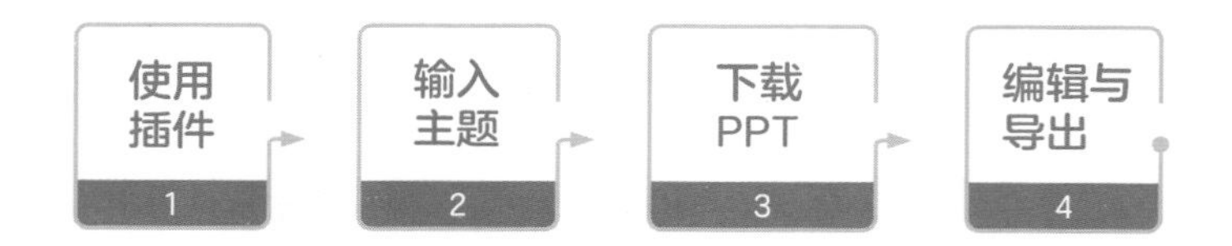

操作步骤

打开 PPT 生成插件，然后输入 PPT 主题，即可快速生成一个完整的 PPT。

第一步 使用插件

进入紫东太初首页，单击对话框上方的 ^ 按钮，然后单击“PPT 生成”按钮，开始使用该插件，如图 1.13-1 所示。

图1.13-1

第二步 输入主题

在对话框中输入想要创建的 PPT 主题，然后单击右侧箭头按钮或者按 Enter 键，即可开始生成 PPT，如图 1.13-2 所示。

图1.13-2

第三步 下载 PPT

生成 PPT 后，可以看到 PPT 的封面页，单击“点击下载到本地”链接，在弹出的页面中继续单击“点击下载”按钮，即可将该 PPT 导出到本地，如图 1.13-3、图 1.13-4 所示。

图1.13-3

图1.13-4

Tips

1. 用户可以通过生成的封面页来大致判断生成的模板风格，如果想要更换封面页和模板，单击“重新生成”按钮即可。

2. 单击“插件主页”链接，即可进入 ChatPPT 首页。

第四步 编辑与导出

导出 PPT 之后，可以在 WPS 或 PowerPoint 软件当中打开该 PPT，然后进行查看和编辑，例如为该 PPT 更换一个新的模板，如图 1.13-5 所示。

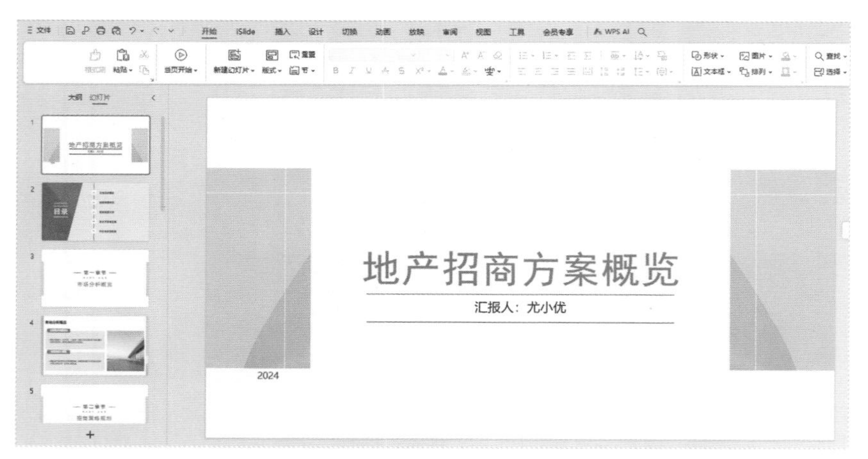

图1.13-5

第二章

文档生成PPT

2.1 用 Word 文档生成进度汇报 PPT

AI 工具 iSlide

许多 PPT 智能生成工具除了支持通过主题一键生成 PPT，也支持通过导入本地文档来生成完整的 PPT。如果用户已经写好了 PPT 大纲的 Word 文档，通过这项功能将有效地简化演示文稿的制作流程，提高工作效率。

成果展示

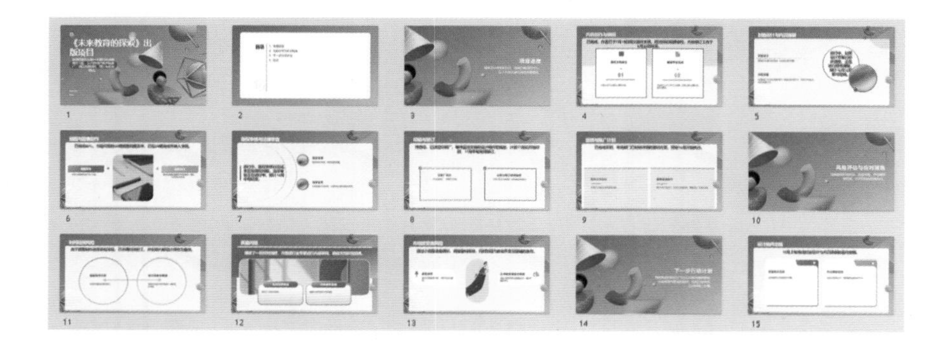

思维导图

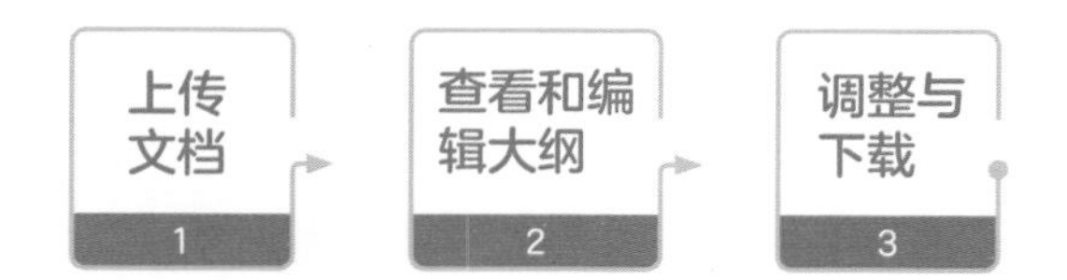

操作步骤

上传本地的 Word 文档后，iSlide AI 将解析和梳理文档内容，生成完整内容大纲，并根据大纲智能生成 PPT。

第一步 上传文档

在 iSlide 首页单击“导入文档生成”按钮，单击上传区域，将想要创建成 PPT 的 Word 文档进行上传，如图 2.1-1 所示。

图2.1-1

Tips

用户也可以通过拖拽或者复制链接来导入文件。

第二步 查看和编辑大纲

上传完成后，iSlide AI 会根据导入的文档解析出大纲，用户可以查看并编辑大纲内容，如图 2.1-2 所示。

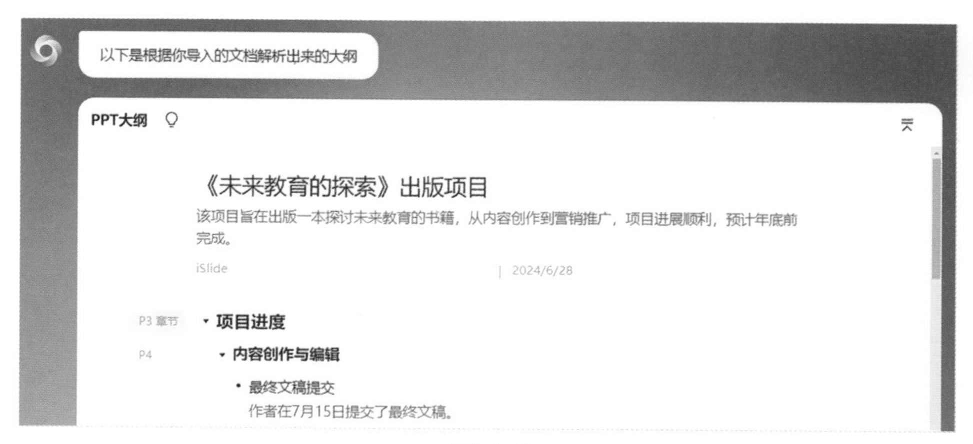

图2.1-2

编辑完成后，单击页面下方的“生成 PPT”按钮，即可开始生成 PPT，如图 2.1-3 所示。

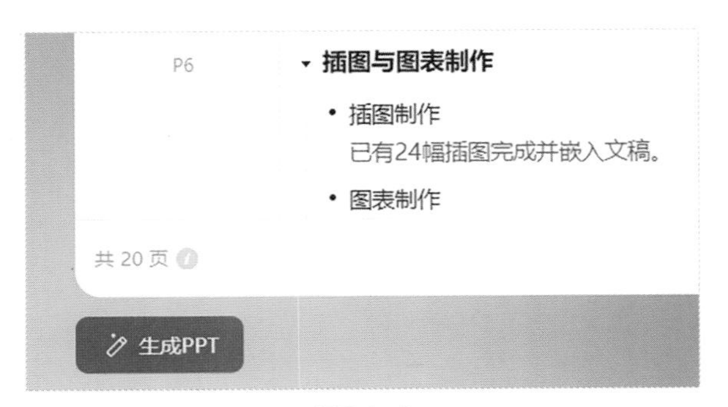

图2.1-3

第三步 调整与下载

生成 PPT 之后，如有需要，可以通过一键换肤来更换模板。如果此时发现大纲还有需要调整的地方，可以继续单击“编辑大纲”按钮，在左侧弹出的大纲面板中对内容进行修改，然后单击“应用大纲”按钮即可，如图 2.1-4、图 2.1-5 所示。

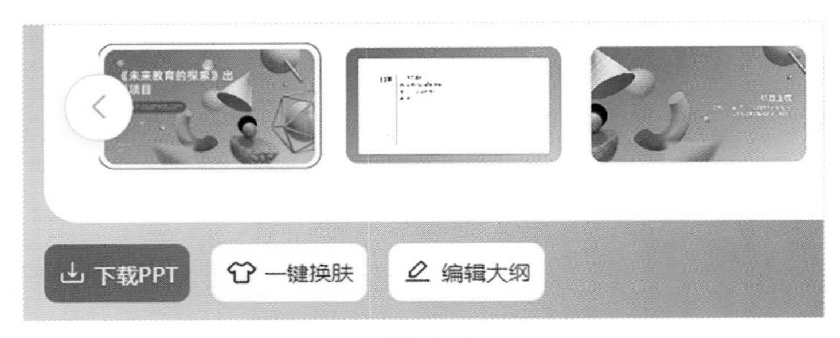

图2.1-4

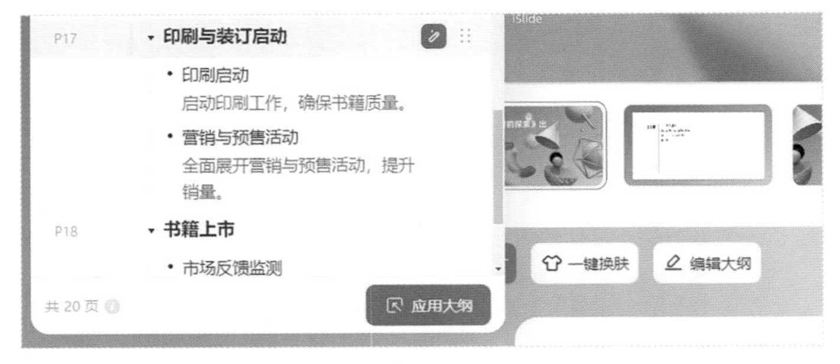

图2.1-5

Tips

1. 用户可以参考案例 1 的方式来查看每一页 PPT 的详情和进行一键换肤。
2. 调整完成后，单击“下载 PPT”按钮即可导出 PPT。

2.2 用PDF文档生成岗位竞聘演讲PPT

AI工具 AiPPT

PDF是工作过程中常用到的一种文档格式，当想要把PDF文档内容做成演示文稿时，利用文档生成PPT的功能可以显著节省重新创建演示文稿所需的时间和精力，特别是在PDF文件本身就已经包含了大量图表、文本和布局的情况下。

成果展示

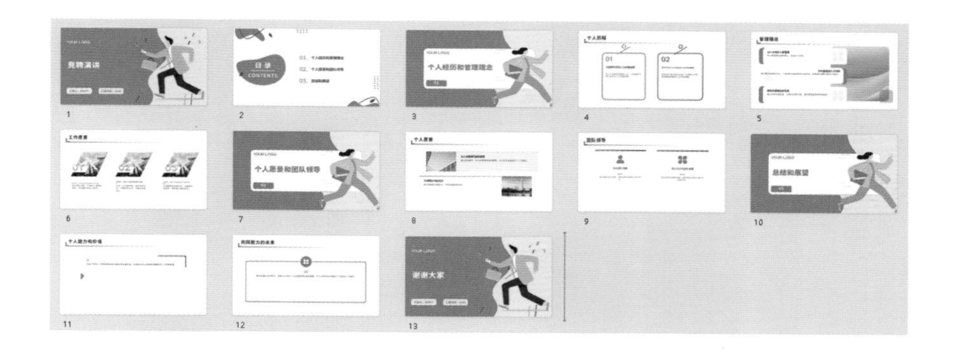

思维导图

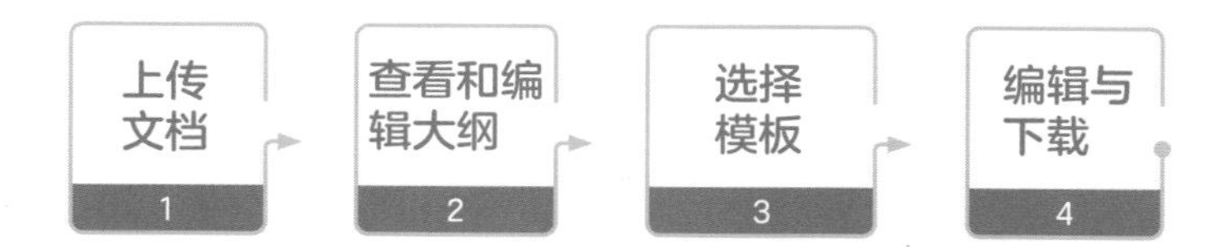

操作步骤

上传PDF文档后，AiPPT将识别与理解内容，并生成PPT文档。

第一步 上传文档

在AiPPT首页单击“开始智能”按钮，然后在跳转的页面中单击“导入本地大纲”按钮，如图2.2-1所示。

图2.2-1

单击上传区域，将想要创建成 PPT 的 PDF 文档进行上传，如图 2.2-2 所示。

图2.2-2

Tips

1. 上传文档通常对字数与文件大小有一定限制，如果不清楚具体要求，可以点击查看导入规范。

2. 导入的文件内容最好是纯文本，如果文档内包含图片、形状、表格等元素，可能会让 AI 无法识别，且影响最终导入的效果。

第二步 查看和编辑大纲

上传完成后，AiPPT 会读取文本并生成大纲，用户可以查看并编辑大纲内容。编辑完成后，单击页面下方的“挑选 PPT 模板”按钮，即可开始挑选模板，如图 2.2-3 所示。

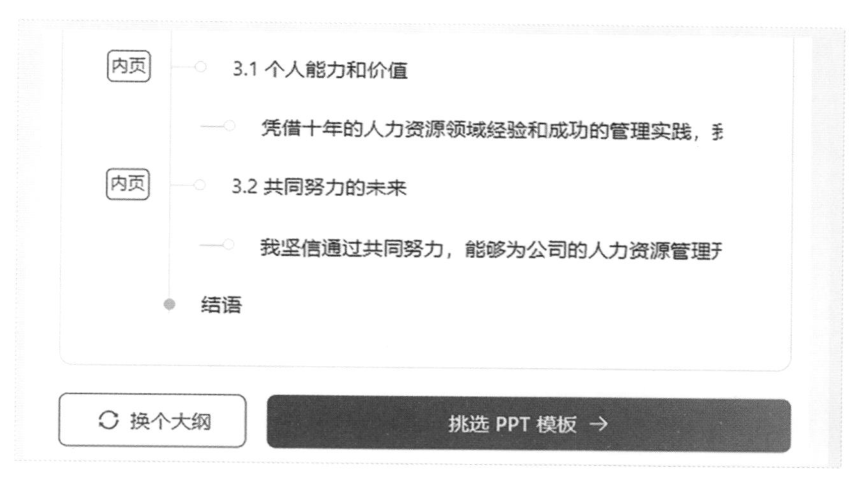

图2.2-3

第三步 选择模板

确认所需要的“模板场景”与“设计风格”，单击符合需求的模板，然后单击“生成 PPT”按钮，即可开始生成 PPT，如图 2.2-4 所示。

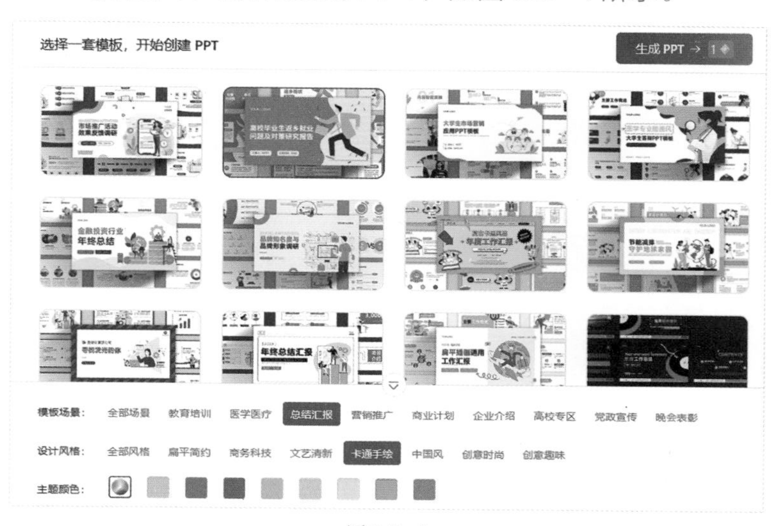

图2.2-4

第四步 编辑与下载

生成 PPT 之后，如果觉得 PPT 基本符合要求，单击“下载”按钮即可；如果觉得 PPT 还有需要调整的地方，则可以继续单击“去编辑”按钮，如图 2.2-5 所示。

图2.2-5

在编辑页面完成对 PPT 的调整与优化之后，再次单击页面右上方的“下载”按钮即可完成下载，如图 2.2-6 所示。

图2.2-6

2.3 用长文本生成财务报告 PPT

AI工具 讯飞智文

PPT 智能生成工具通常能够识别较长文本中的标题、段落等结构，自动生成具有逻辑结构的演示文稿，自动分配合适的标题等级，帮助用户组织内容，确保信息层次清晰。对于需要快速制作演示文稿的用户来说，直接从长文本生成 PPT 可以极大地节省时间。

成果展示

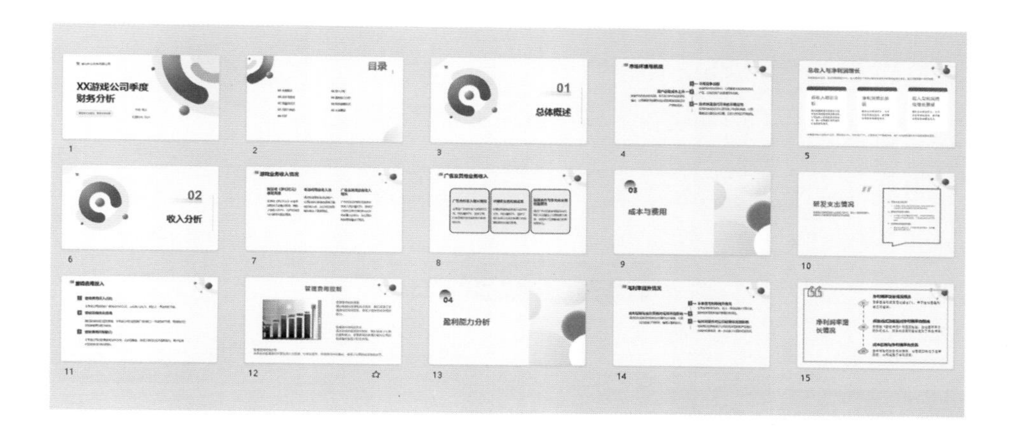

思维导图

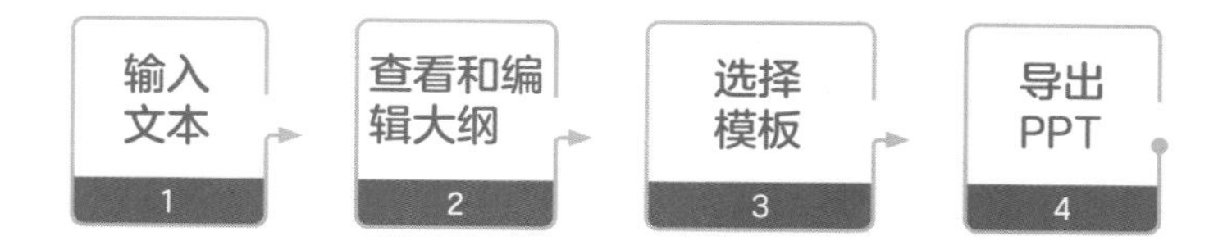

操作步骤

输入需要创建成 PPT 的长文本，讯飞智文将整理和提炼相关的内容，然后根据这些信息来创建 PPT。

第一步 输入文本

在讯飞智文首页单击“文本创建”按钮，如图 2.3-1 所示。

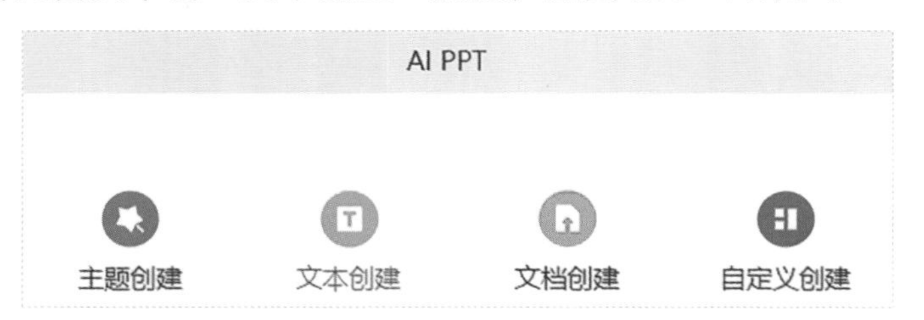

图2.3-1

在文本框中输入或者复制想要创建成 PPT 的文本内容，然后单击“下一步”按钮，如图 2.3-2 所示。

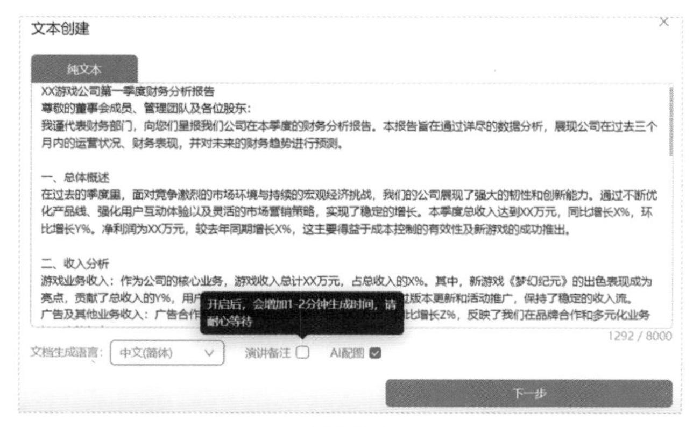

图2.3-2

> **Tips**
>
> 讯飞智文的文本生成 PPT 功能支持最高 12000 字长文本的输入，输入文本时，为了保障成功率，需要尽量减少特殊符号的内容。

第二步 查看和编辑大纲

生成大纲后，用户可以查看并编辑大纲内容。单击文字后面的 按钮，可以对内容进行修改，随后单击“确定”按钮即可完成修改，如图 2.3-3 所示。

图2.3-3

编辑完成后，单击“下一步”按钮，如图 2.3-4 所示。

图2.3-4

第三步 选择模板

在跳转的页面中单击想要的模板，然后单击“下一步”按钮，即可开始生成PPT，如图 2.3-5 所示。

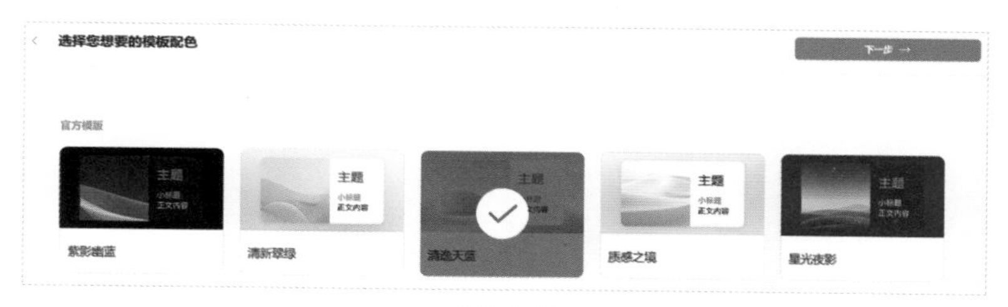

图2.3-5

第四步 导出 PPT

生成 PPT 之后，如果觉得该 PPT 基本符合要求，单击右上方的“导出”按钮，然后单击“下载到本地”选项。在弹出的选项框中单击“PPT 文件”选项，然后单击“确定”按钮，即可导出该 PPT，如图 2.3-6、图 2.3-7 所示。

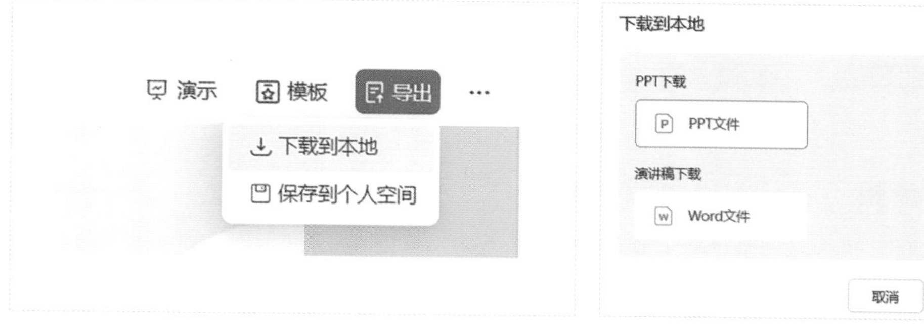

图2.3-6

图2.3-7

2.4 用思维导图生成团队管理 PPT

AI工具 ChatPPT

当借助 PPT 智能生成工具将思维导图转换为 PPT 时，无须手动将每个分支点转化为 PPT 幻灯片，也无须在思维导图软件和 PPT 软件之间来回切换，系统便能自动完成这一过程，这使得制作 PPT 变得更加迅速。

成果展示

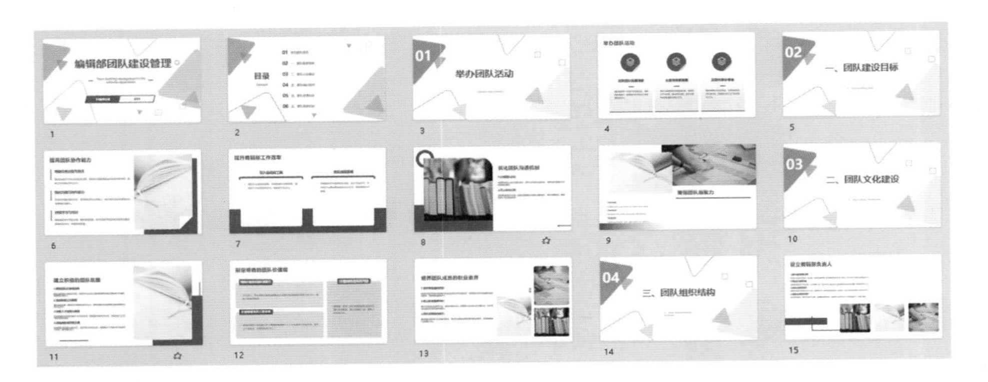

思维导图

操作步骤

上传需要创建成 PPT 的思维导图，ChatPPT 将基于思维导图的机构化信息来创建 PPT。

第一步 上传思维导图

在 ChatPPT 首页单击“X-Mind”按钮，如图 2.4-1 所示。

图2.4-1

在跳转的页面右侧对话框中单击“选择文件格式”按钮，然后单击“X-Mind”选项，如图2.4-2所示。

图2.4-2

单击“上传本地文件”按钮，将需要创建成PPT的思维导图文件进行上传，如图2.4-3所示。

图2.4-3

Tips

除了X-Mind，ChatPPT也支持FreeMind和MindMaster生成的思维导图格式。

第二步 **确认标题**

上传完成后，ChatPPT 会对上传的思维导图进行解析，确认解析之后的标题无误后，单击“确认”按钮，如图 2.4-4 所示。

第三步 **查看和编辑大纲**

确认标题之后，将看到解析出来的大纲，如有需要，可以对大纲进行编辑。编辑完成后，单击“使用”按钮，如图 2.4-5 所示。

图2.4-4　　图2.4-5

第四步 **选择模板**

在生成的主题风格模板中选择符合需求的模板，然后单击“使用”按钮，即可开始生成 PPT，如图 2.4-6 所示。

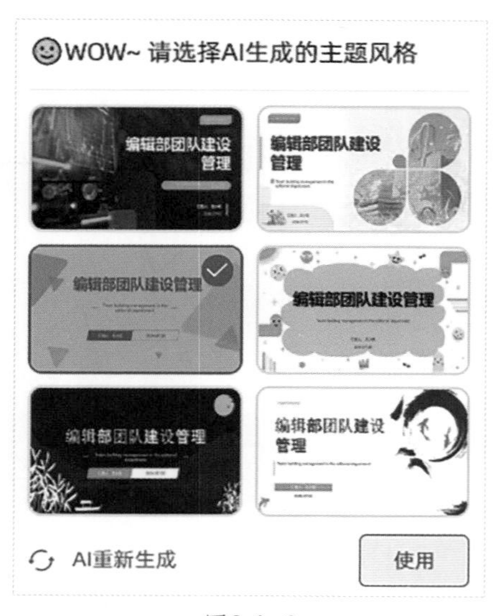

图2.4-6

第五步 预览和下载

生成 PPT 之后，可以在页面中逐页进行预览，单击右上方的“下载导出”按钮，可以导出该 PPT，如图 2.4-7 所示。

图2.4-7

Tips

如果想要在生成 PPT 之后继续进行编辑，可以下载 ChatPPT 桌面端。与网页端相比，桌面端提供了更多后续的在线编辑功能。

2.5 用 Markdown 语言生成工作总结 PPT

AI 工具 MINDSHOW

在工作时，有时候会使用到 Markdown 这种简洁明了的轻量级标记语言，而 MINDSHOW 这款 PPT 生成工具支持直接通过 Markdown 语言来创建幻灯片，无须先转换成其他格式的文档。

成果展示

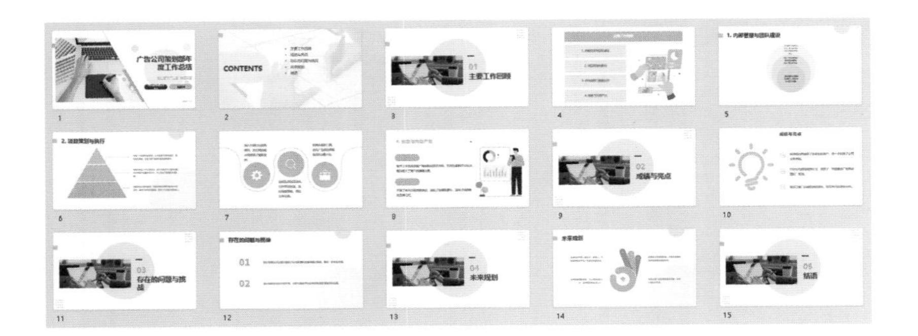

思维导图

操作步骤

上传 Markdown 语言格式的文档，MINDSHOW 将根据导入的文档内容来创建 PPT。

第一步 格式选择

在 MINDSHOW 首页的对话框中单击 按钮，如图 2.5-1 所示。

图2.5-1

在跳转的页面中确认格式选择为 Markdown，如图 2.5-2 所示。

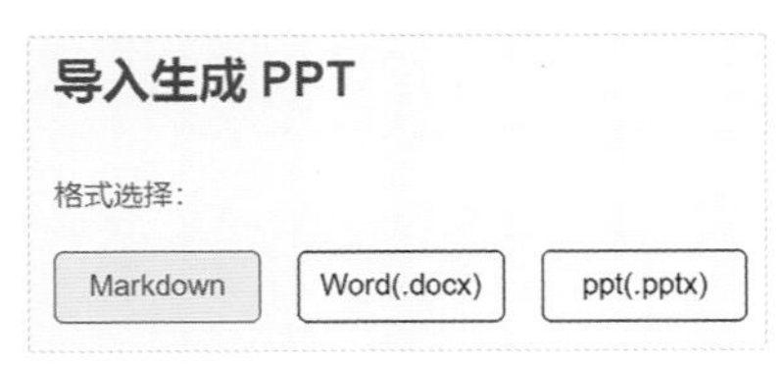

图2.5-2

Tips

Markdown 是一种轻量级的标记语言，其语法简洁明了，使得编写者能够专注于文档的内容，而不是复杂的排版样式。

第二步 导入创建

在文本框中输入或复制 Markdown 格式的文档，然后单击“导入创建”按钮，即可开始生成 PPT，如图 2.5-3 所示。

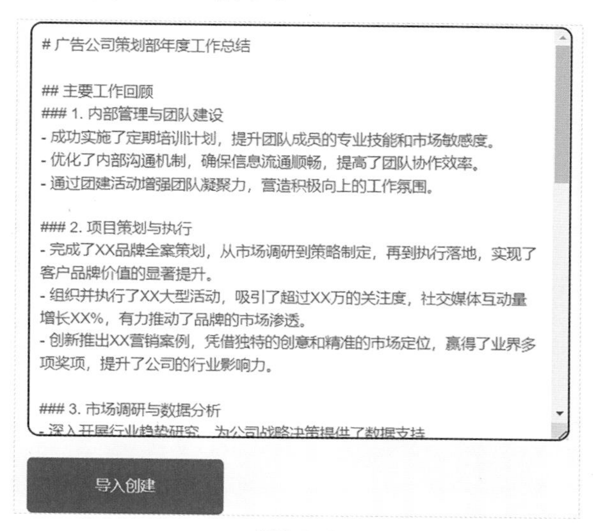

图2.5-3

第三步 编辑与下载

生成 PPT 之后，可以在编辑页面对大纲内容进行编辑，同时也可以更换模板、调整布局，编辑完成后，单击页面右上方的“下载”按钮即可导出 PPT，如图 2.5-4 所示。

图2.5-4

2.6 用网页链接生成知识科普 PPT

AI 工具 ChatPPT

功能强大的智能 PPT 生成工具，除了一键生成 PPT 以及用文档创建 PPT 之外，还支持通过网页链接来生成演示文稿。对于想要将新媒体内容进行快速转换的用户来说，这个功能将极大地提高他们的工作效率。

成果展示

思维导图

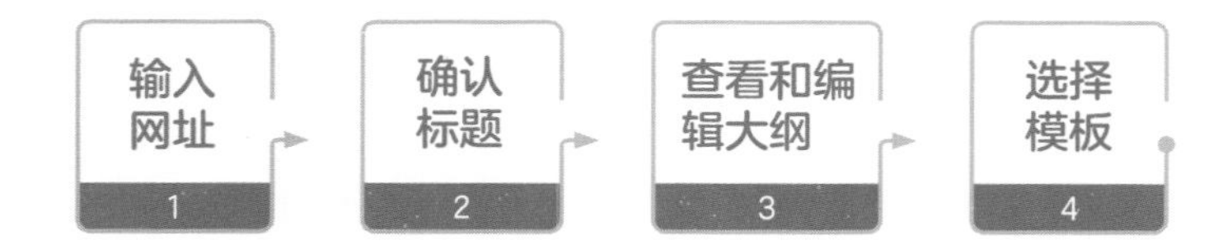

操作步骤

在对话框中复制网页链接或者输入网址，即可快速生成 PPT。

第一步 输入网址

在 ChatPPT 首页的对话框中复制网页链接或者输入网址，然后单击“免费生成”按钮或者按 Enter 键，如图 2.6-1 所示。

图2.6-1

在跳转页面的对话框中单击“确认”按钮，导入网页链接信息，如图2.6-2所示。

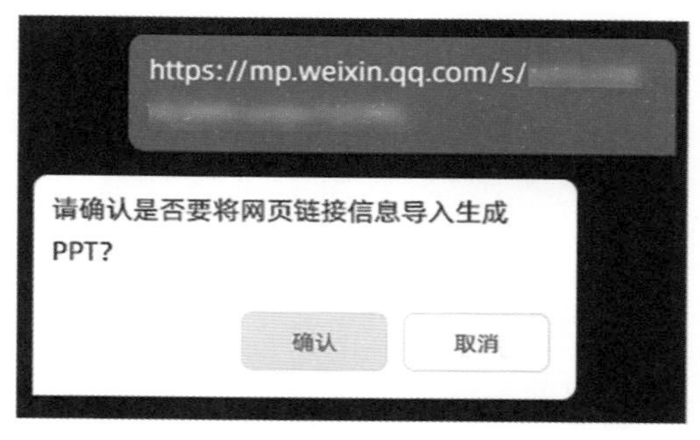

图2.6-2

第二步 确认标题

导入网址信息后，ChatPPT会对其中的内容进行解析，并根据解析内容生成标题，如果觉得生成的标题符合需求，单击“确认”按钮，如图2.6-3所示。

第三步 查看和编辑大纲

随后，可以对生成的大纲进行查看和编辑。调整完成后，单击“使用”按钮，如图2.6-4所示。

图2.6-3

图2.6-4

第四步 选择模板

选择符合需求的模板，然后单击“使用”按钮，即可开始生成PPT，如图2.6-5所示。

图2.6-5

Tips

生成PPT之后，可以下载该PPT，然后利用WPS或者PowerPoint软件来对其进行调整与优化。

2.7 用图片生成城市宣传PPT

AI工具 百度文库

利用AI技术和图像识别功能，PPT智能生成工具可以自动对图片中的内容进行识别，比如文字、图表等，然后根据这些信息生成PPT。即使是没有任何文字内容的图片，部分PPT生成工具也能拆解和识别图像内容，并根据这些内容组织出较为合理的PPT大纲。

成果展示

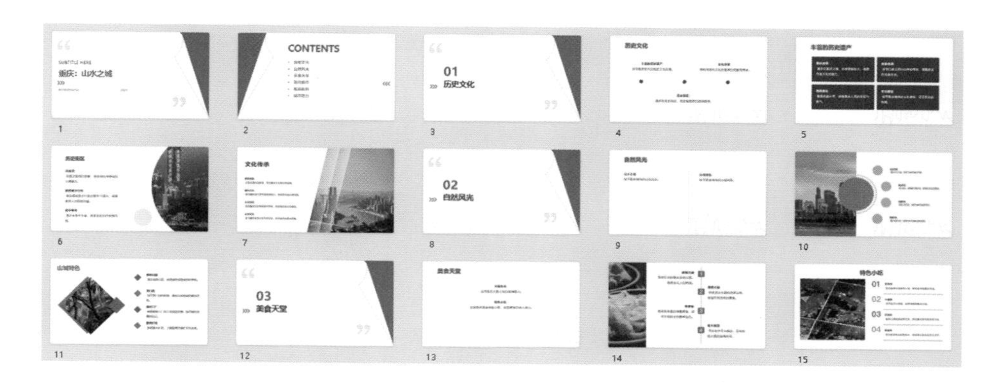

思维导图

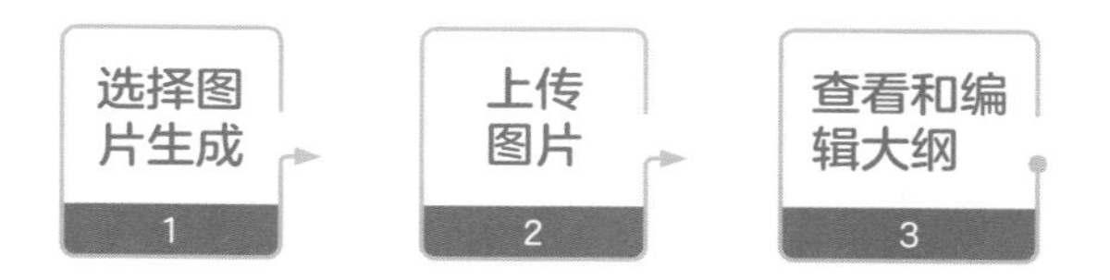

操作步骤

将图片进行上传，百度文库即可解读和分析图片信息，然后生成PPT内容。

第一步 选择图片生成

进入百度文库首页，在页面右侧的智能助手面板中单击“AI辅助生成PPT”按钮，然后在弹出的对话框中单击“上传图片生成PPT”按钮，如图2.7-1、图2.7-2所示。

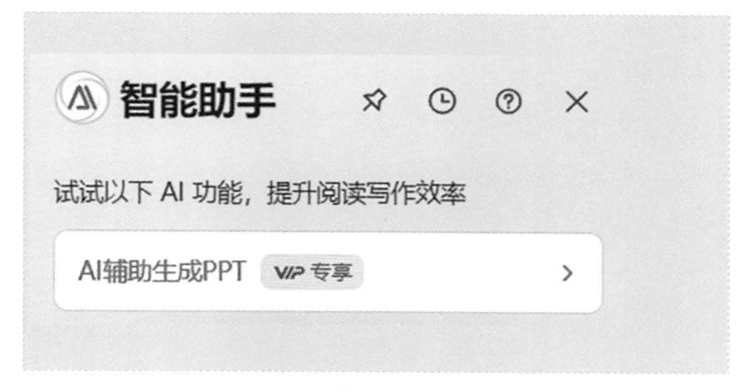

图2.7-1

好的，我将为您生成一份PPT，请选择生成方式：

- 输入主题直接生成PPT
- 上传文档生成PPT
- 上传图片生成PPT

图2.7-2

第二步 上传图片

在弹出的页面中单击“上传图片”按钮，将需要创建成PPT的图片进行上传，然后等待AI对图片内容进行理解并生成大纲，如图2.7-3、图2.7-4所示。

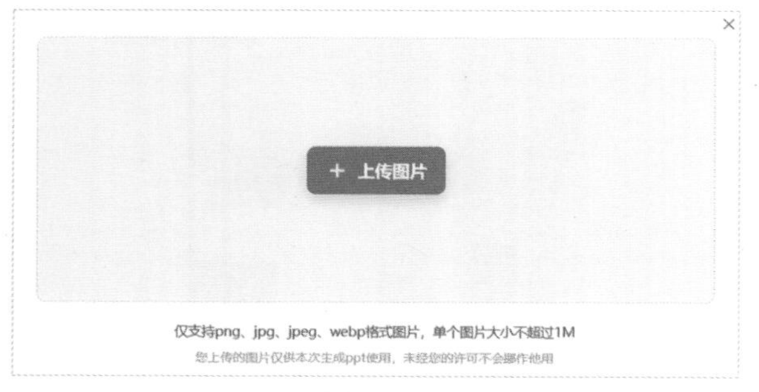

图2.7-3

图2.7-4

Tips

百度文库的图片生成PPT功能每次仅支持上传一张图片。

第三步 查看和编辑大纲

生成大纲以后，可以对大纲进行查看和编辑。调整完成后，单击“生成PPT”按钮即可进入到模板选择页面，可以参考案例1.11的步骤来选择模板、调整细化和导出PPT，如图2.7-5所示。

图2.7-5

Tips

图片生成PPT的方式适用于当用户不想保存文档时，只需要对其进行截图即可一键生成PPT。

第三章

一键美化PPT

3.1 用 iSlide 更换社团活动 PPT 单页样式

AI 工具 iSlide

作为一款可以智能生成和优化 PPT 的工具，iSlide 在一键生成、一键换肤之外也支持对单页布局进行美化，以帮助用户快速优化 PPT 页面的结构和美观度，提高设计效率。

成果展示

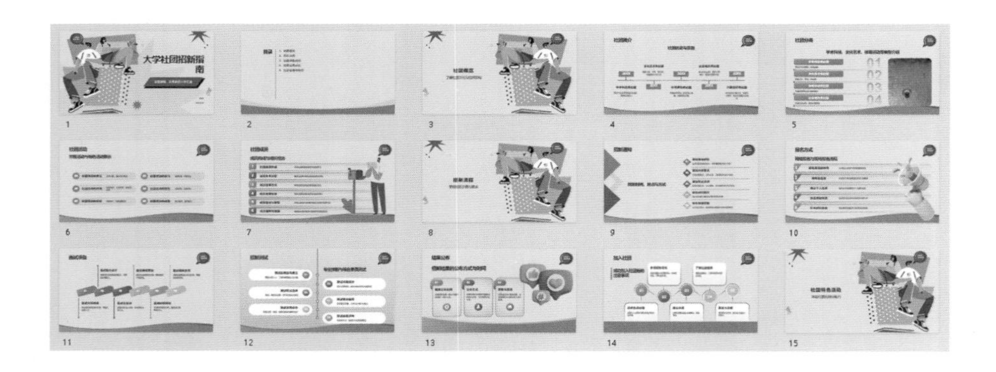

思维导图

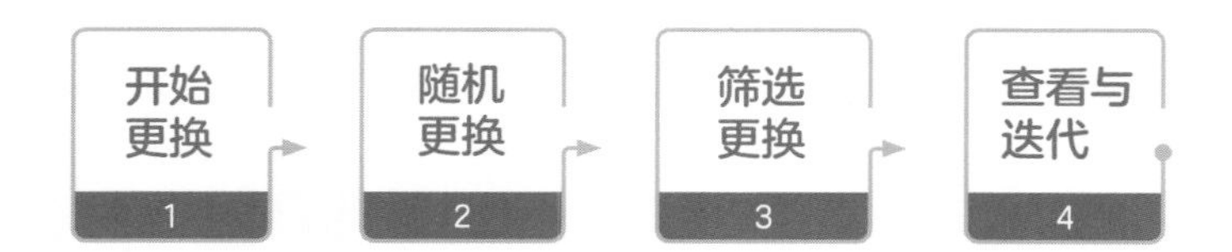

操作步骤

当想要对一键生成的 PPT 中的某一页的布局进行调整时，可以直接选择用预设的布局样式去进行更换，避免手动调整对齐的烦琐过程。

第一步 开始更换

利用 iSlide 生成“社团招新活动”PPT，进入编辑页面，单击想要更换布局样式的单页，然后单击右下角的“更换单页”按钮，如图 3.1-1 所示。

第二步 随机更换

在出现的布局样式中进行浏览，如果有符合需求的样式，单击该样式右下角的⇌按钮即可进行更换，如图 3.1-2 所示。

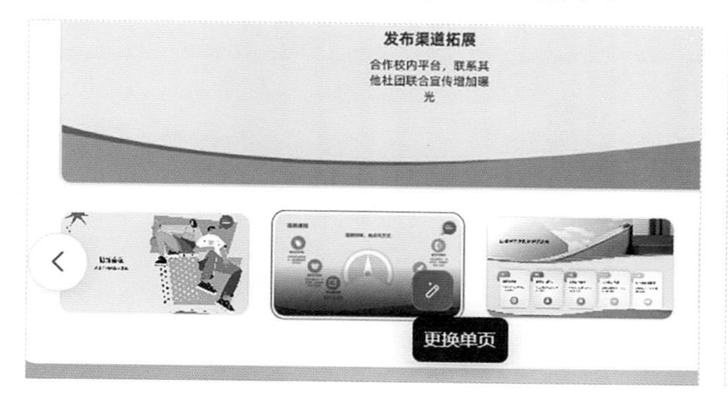

图3.1-1

图3.1-2

Tips

1. 此功能仅支持内容页样式的更换，首页、章节页、尾页则无法更换单页样式。

2. 单击“替换单页”面板下方的“换一组”按钮，可以生成新的单页样式，如图 3.1-3 所示。

图3.1-3

第三步 筛选更换

如果想要先对布局样式进行筛选，可以单击“替换单页”面板中的按钮，单击想要的分类、风格和样式，然后单击“确定”按钮。随后，可以在筛选出来的样式中进行浏览并完成更换，如图 3.1-4、图 3.1-5 所示。

图3.1-4

图3.1-5

第四步 查看与迭代

更换完成后，可以在页面内查看更换后的样式与细节，如果还需要继续调整，可以按上述步骤反复迭代，直至选出符合需求的单页样式，如图 3.1-6 所示。

图3.1-6

3.2 用 AiPPT 调整团建活动 PPT 模板与样式

AI 工具 AiPPT

AiPPT 利用先进的 AI 技术，可以自动创建 PPT 并对 PPT 的模板和布局样式等进行优化，其丰富多样的模板和布局样式，可以灵活适应不同演示文稿内容的需要，而一键切换模板和样式的功能则可以让 PPT 快速焕然一新。

成果展示

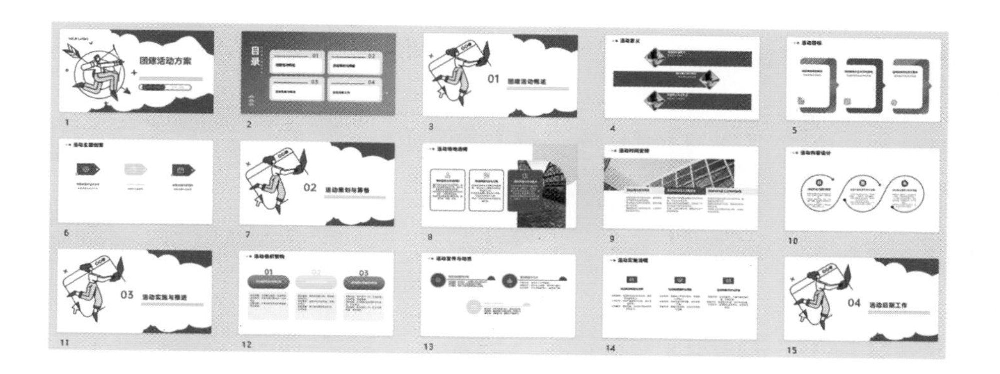

思维导图

操作步骤

利用 AiPPT 生成 PPT 之后，还可以用它实现一键更换模板和单页样式，实现 PPT 轻松“换装”。

第一步 模板替换

在 AiPPT 中快速生成 PPT 之后，进入编辑页面，单击左侧的“模板替换”按钮，如图 3.2-1 所示。

图3.2-1

第二步 选择设计风格

在弹出的面板中单击“设计风格”按钮，如图 3.2-2 所示，在下拉选项框中单击想要选择的风格，如图 3.2-3 所示。

图3.2-2

图3.2-3

Tips

用户可以参考上述步骤来选择不同的模板场景和主题色。

第三步 选择模板

确认了模板场景、设计风格和主题色之后，可以在筛选出来的模板中单击符合需求的模板，如图 3.2-4 所示。

图3.2-4

Tips

选择模板时，可以使用鼠标滚轮或者按住鼠标左键来拖动面板右侧的下拉条，以查看更多的模板样式。

第四步 应用模板

单击模板之后，可以在跳转的面板中对模板的整体效果进行预览，如果觉得该模板符合需求，单击“应用模板”按钮即可，如图 3.2-5 所示。

图3.2-5

第五步 更换单页样式

单击编辑页面下方缩略图中的单页，可以在弹出的面板中选择想要更换的单页样式（布局），如图 3.2-6 所示。

如果想要撤销单页样式的更换，单击页面左上方的“撤销”按钮即可，如图 3.2-7 所示。

图3.2-6

图3.2-7

1. 如果出现的页面样式都不符合需求，单击“换一换”按钮即可对样式进行更新。

2.PPT 首页、目录页和章节首页无法更换单页样式。

3.3 用 AiPPT 为研究成果 PPT 更换字体与配色

AI 工具 AiPPT

除了模板与单页样式，PPT 的字体与配色对最终视觉效果的呈现也起着重要作用。使用 AiPPT 来统一字体与切换配色不仅可以简化 PPT 设计的复杂过程，还能确保最终作品的专业水准和审美价值。

成果展示

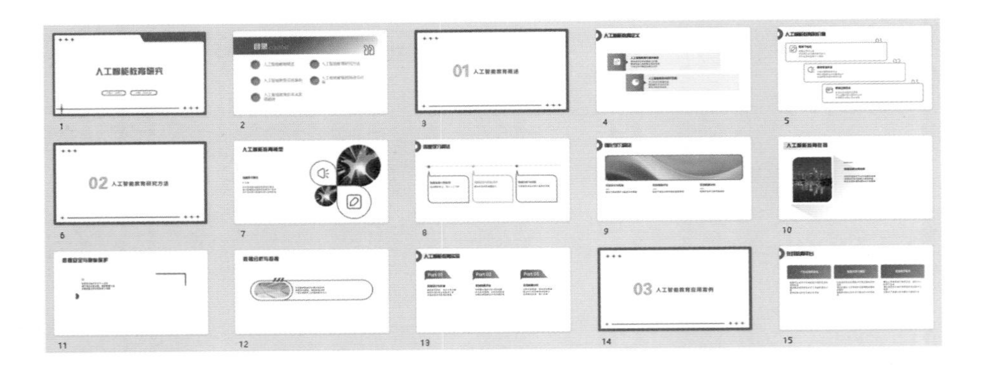

思维导图

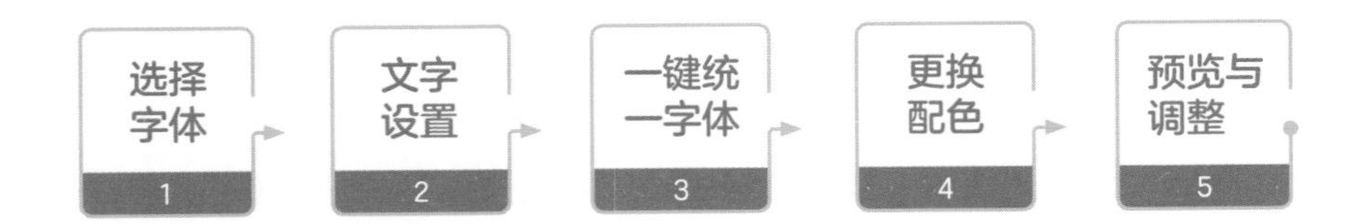

操作步骤

AiPPT 可以对 PPT 文档中的字体进行一键统一，同时提供多种配色方案供用户进行一键切换，比起逐页修改与调整，这种方式极大地帮助 PPT 创作人员节省了时间。

第一步 选择字体

利用 AiPPT 生成 PPT 之后，在编辑页面中，单击 PPT 页面的文字，将其进行框选。在弹出的“AI 创作助手”工具栏中单击字体选项，在下拉选项框中选择符合需求的字体，如图 3.3-1 所示。

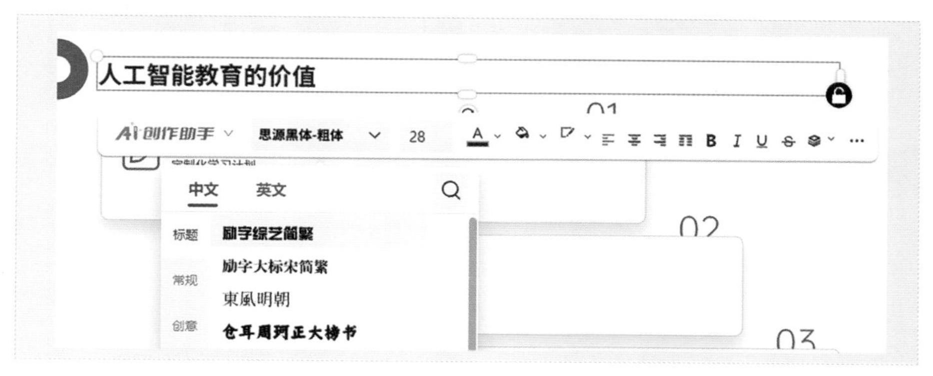

图3.3-1

Tips

单击搜索框，输入字体名称，可以搜索该字体。

第二步 文字设置

单击页面右侧边栏中的“文字设置”按钮，在弹出的面板中可以对字体的粗细、大小、对齐格式等进行单独设置，如图 3.3-2 所示。

第三步 一键统一字体

设置完成后，单击面板底部的“一键统一字体”按钮，在弹出的新面板中将替换类型勾选为“标题”，将替换页面选择为“全部页面”，然后单击“确定”按钮，即可对整个 PPT 中标题部分的字体完成一键统一，如图 3.3-3 所示。

图3.3-2

图3.3-3

Tips

1. 用户也可以参考此方式对正文部分的字体完成一键统一。

2. 可以根据需求来选择替换的页面是全部页面还是当前页面，同时还可以对替换的页面进行自定义。

第四步 更换配色

单击页面右下角的 按钮，打开网格视图页面，如图 3.3-4 所示。单击页面左上角配色方案中的箭头按钮，如图 3.3-5 所示。在下拉选项框中单击想要更换的“配色方案”按钮，即可完成更换，如图 3.3-6 所示。

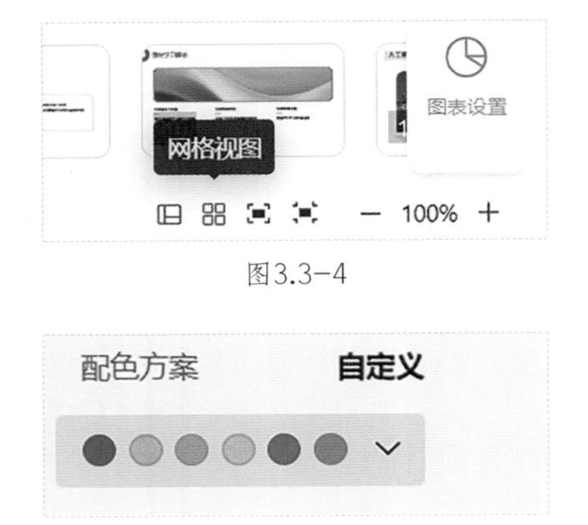

图3.3-4

图3.3-5

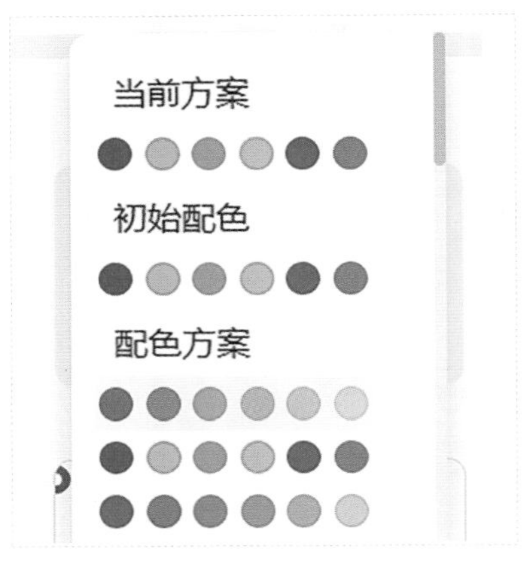

图3.3-6

Tips

如果想要恢复之前的配色方案，单击“初始配色”按钮即可。

第五步 预览与调整

更换完成后，可以在网格视图页面预览更换后的整体效果，如果想要继续调整配色，按上述步骤操作即可，如图 3.3-7 所示。

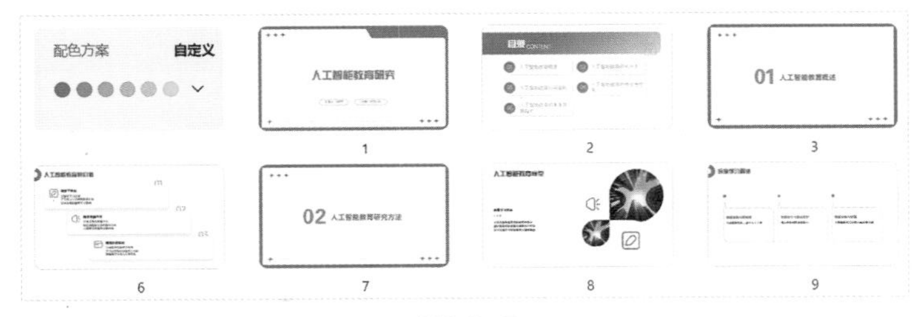

图3.3-7

3.4 用 WPS AI 实现团队工作计划 PPT 智能美化

AI 工具 **WPS AI**

WPS AI 的智能美化功能可以为用户提供一键式的美化建议和优化方案，用户可以借助此功能来对 PPT 进行全文或单页美化、更换布局样式与配色等操作，从而快速提升幻灯片的外观质量。

成果展示

思维导图

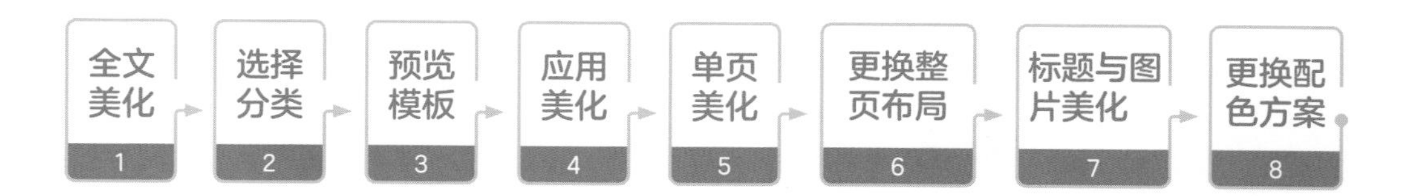

操作步骤

WPS AI 可以对一键生成或者导入的 PPT 文档进行智能美化，轻松实现风格、配色、版式的一键切换。

第一步 **全文美化**

在 WPS 中打开需要美化的 PPT 文档，单击窗口底部的“智能美化”按钮，然后单击“全文美化”选项，如图 3.4-1 所示。

图3.4-1

第二步 选择分类

在弹出页面的左侧边栏中单击“一键美化”按钮，然后单击“分类”按钮，选择想要的风格、场景、颜色等，如图 3.4-2 所示。

图3.4-2

第三步 预览模板

确认分类后，可以在筛选出来的模板中进行浏览，如果有符合需求的模板，单击模板左下角的“预览详情”按钮，即可对模板的整体效果进行预览，如图 3.4-3 所示。

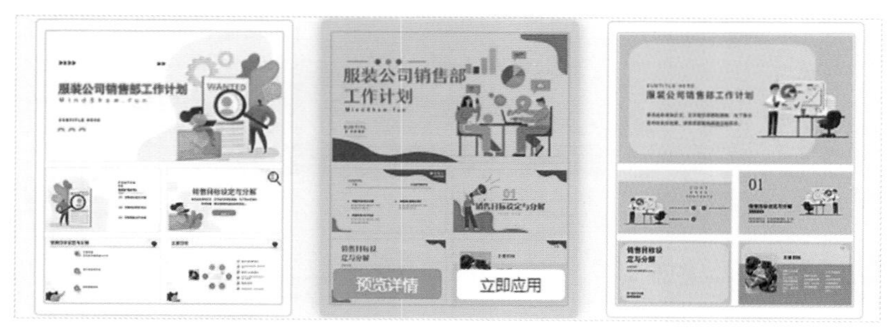

图3.4-3

第四步 应用美化

如果觉得预览的模板符合需求，单击“应用美化”按钮即可使用该模板，如图 3.4-4 所示。

图3.4-4

第五步 单页美化

更换完模板后，如果还有单页调整的需求，可以选中该页面，单击窗口底部的“智能美化”按钮，然后单击“单页美化”选项，如图 3.4-5 所示。

图3.4-5

第六步 更换整页布局

在弹出的面板中单击“整页”按钮，将鼠标移至想要更换的页面样式中间，可以在上方预览更换后的页面效果。单击“立即使用”按钮，即可使用该页面布局样式，如图 3.4-6 所示。

图3.4-6

第七步 标题与图片美化

单击“标题”按钮或者“图片”按钮，可以按上述操作步骤对页面的标题或图片进行单独美化，如图 3.4-7、图 3.4-8 所示。

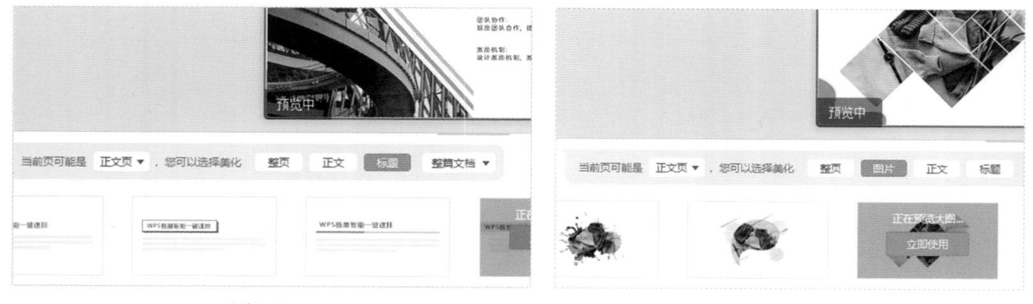

图3.4-7

图3.4-8

> **Tips**
>
> 同理，也可以按此方式对正文内容进行单独美化。

第八步 更换配色方案

单击“更多功能”按钮，在“更改配色”的下拉选项框中选择想要更换的配色方案，可以对页面布局样式的整体配色进行改变，如图 3.4-9 所示。

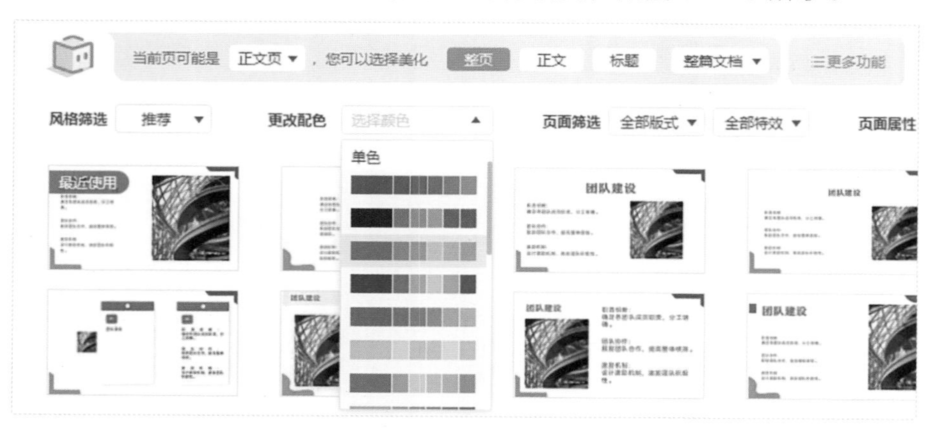

图3.4-9

> **Tips**
>
> PPT 的配色方案通常需要保持一致性，只单独更换某一页的配色可能会影响整体视觉效果。如果想要调整 PPT 配色方案，尽可能让每一页的配色基调都保持统一与和谐。

3.5 用 WPS AI 为课程教案设计 PPT 统一字体

AI 工具 WPS AI

在优化 PPT 时，手动逐个更改字体往往是一项耗时且烦琐的工作。WPS AI 的一键统一字体功能可以迅速将整个演示文稿中的所有或指定文本框的字体改为统一的样式，在确保整体视觉效果和谐与专业的同时也极大地节省了时间。

成果展示

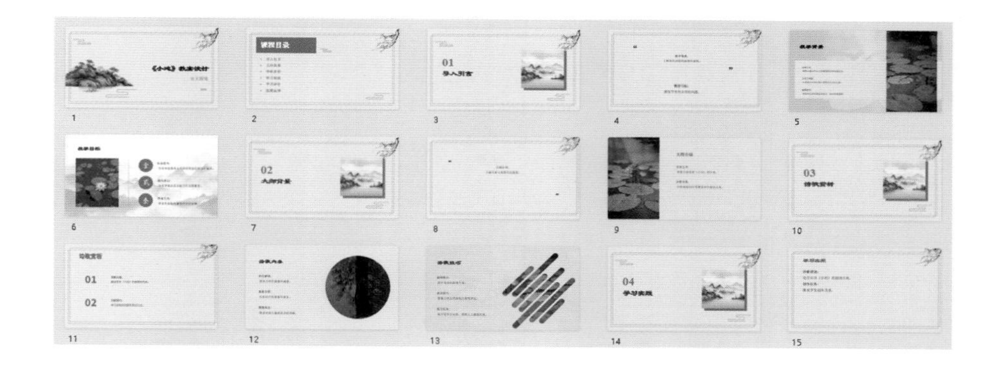

思维导图

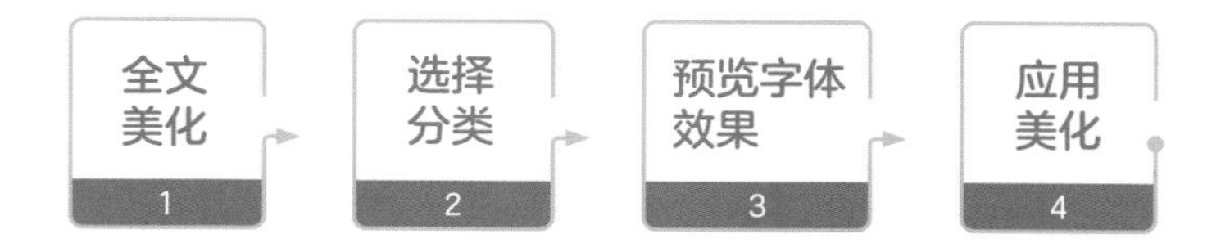

操作步骤

WPS AI 可以一键统一 PPT 文档中的字体，同时还提供了多种不同类型的字体搭配方案。

第一步 全文美化

在 WPS 中打开需要美化的 PPT 文档，单击窗口底部的“智能美化”按钮，然后单击“全文美化”选项，如图 3.5-1 所示。

第二步 选择分类

在弹出页面的左侧边栏中单击“统一字体”按钮，如图 3.5-2 所示。然后单击“分类”按钮，选择想要的风格，如图 3.5-3 所示。

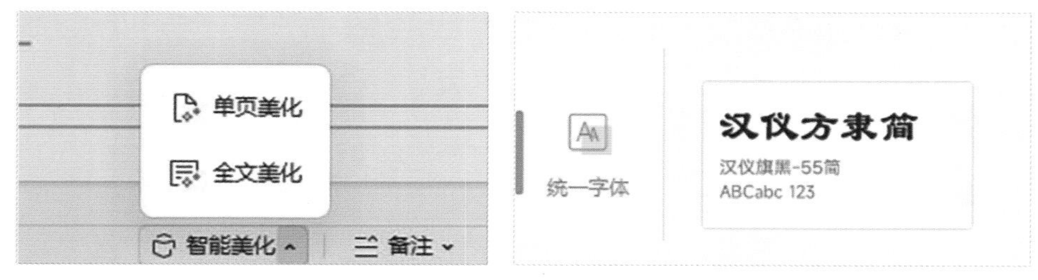

图3.5-1　图3.5-2

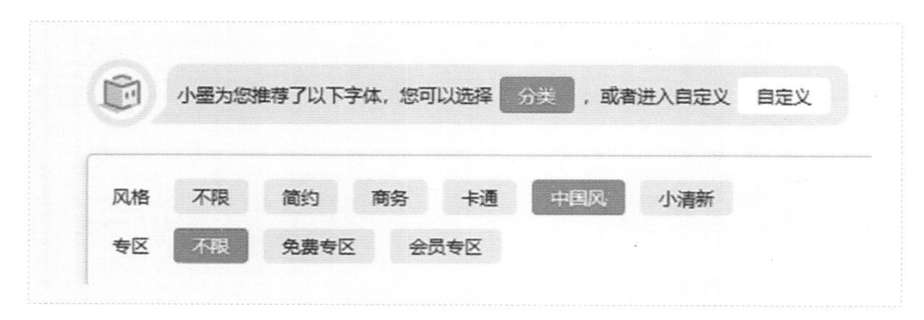

图3.5-3

第三步 预览字体效果

确认分类后，可以在筛选出来的字体方案中进行浏览，如果有符合需求的字体方案，将鼠标移至该方案，然后单击“预览字体效果”按钮，即可对应用后的效果进行预览，如图 3.5-4、图 3.5-5 所示。

图3.5-4　图3.5-5

第四步 应用美化

如果觉得预览的字体效果符合需求，单击“应用美化”按钮即可使用该方案，如图 3.5-6 所示。

图3.5-6

3.6 用百度文库进行社区活动 PPT 智能美化

AI 工具 百度文库

百度文库不仅支持一键生成 PPT，其智能助手还提供了多样化的功能来帮助用户高效编辑和美化 PPT。这些功能中包括但不限于为 PPT 更换模板、调整样式布局以及插入或替换图片等。

成果展示

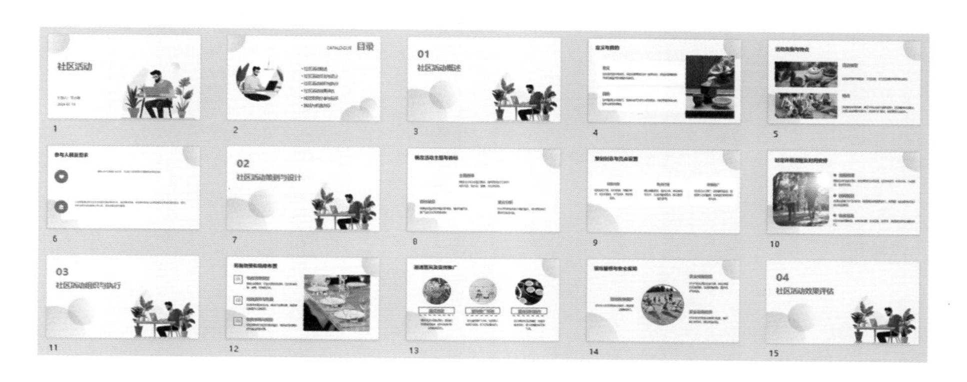

思维导图

操作步骤

一键生成 PPT 以后，进入到编辑页面，可再次通过智能助手来对 PPT 进行美化。

第一步 更换模板

利用百度文库生成“社区活动”PPT，根据一键生成 PPT 的步骤确定好 PPT 的大纲及模板之后，进入编辑页面，单击页面上方的“更换模板”按钮，可以直接唤起右侧的智能助手操作面板，然后单击“查看更多”按钮，查看更多的模板样式，如图 3.6-1 所示。

图3.6-1

在模板库中单击符合需求的模板，然后单击“继续生成”按钮，即可完成模板的更换，如图 3.6-2 所示。

图3.6-2

Tips

单击编辑页面内的 AI 按钮，也可以唤起智能助手，如图 3.6-3 所示。

图3.6-3

第二步 更换单页样式

更换完模板之后，继续唤起智能助手，单击“帮我更换本页样式”按钮，如图 3.6-4 所示。在推荐的样式布局中单击符合需求的布局，即可完成单页样式的更换，如图 3.6-5 所示。

图3.6-4

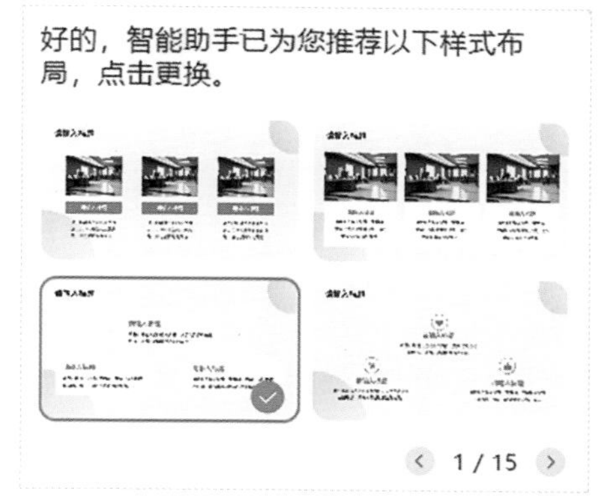

图3.6-5

Tips

1. 标题页和目录页暂不支持更换单页样式。

2. 单击对话框右下角的箭头按钮可以进行翻页，以查看不同的样式布局。

第三步 更换配图

如果想要对PPT内页配图进行更换，可以单击该图片进行选中，如图3.6-6所示。然后单击右侧对话框中的“帮我更换图片”按钮，如图3.6-7所示。

图3.6-6　　图3.6-7

在推荐的图片中单击符合需求的图片，即可完成更换，如图3.6-8所示。

图3.6-8

Tips

1. 智能助手每次会生成四张图片供用户选择，如果对生成的四张图片都不满意，可以单击“换一批”按钮来生成新的配图。

2. 更换图片时，用户可以立即在左侧的PPT页面中看到更换后的效果。

3.7 用 MINDSHOW 调整会议流程管理 PPT 模板与布局

AI 工具 MINDSHOW

MINDSHOW 支持在生成 PPT 以后一键调整模板和布局样式，用户可以直接应用其预设的模板和布局并根据需要做微调，无须从零开始创建每一页幻灯片的设计，从而节省大量设计时间。

成果展示

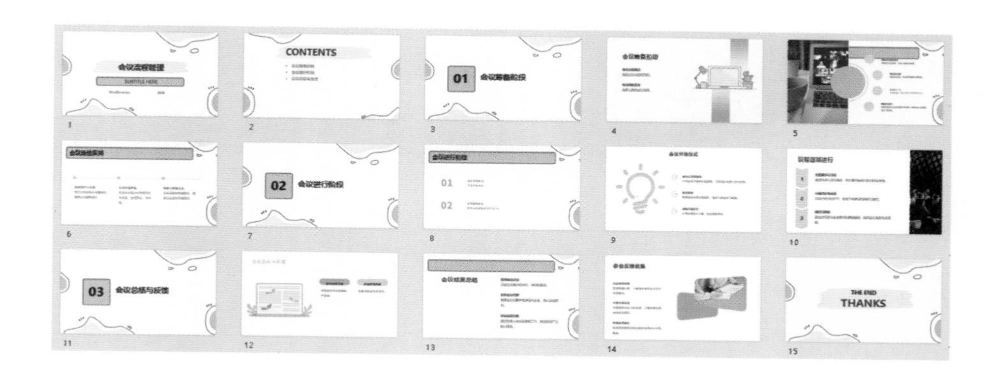

思维导图

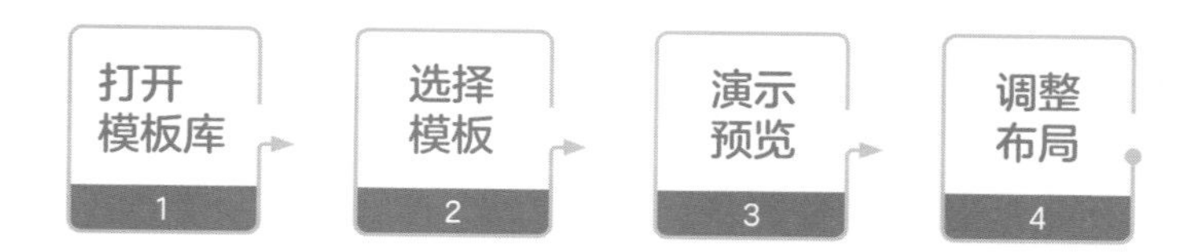

操作步骤

MINDSHOW 不仅可以一键更换整个 PPT 的模板，也可以实现单页布局的一键美化。

第一步 打开模板库

在 MINDSHOW 中快速生成 PPT 之后，可以在编辑页面右侧边栏的预览页中查看和编辑每一页的模板。当想要在整个模板库中选择和更换模板时，可以单击预览页下方的“模板”按钮，然后单击“更多”按钮，如图 3.7-1 所示。

图3.7-1

第二步 选择模板

在弹出的页面中选择模板的类型、场景和风格，然后可以在出现的模板中进行浏览和选择，如图 3.7-2 所示。

图3.7-2

Tips

在演示预览中可以查看该模板下每一页 PPT 的布局样式，如果觉得整体效果不符合需求，可以单击另外的模板进行预览。

第三步 演示预览

单击符合需求的模板后，可以在右侧预览该模板的效果，如图 3.7-3 所示。

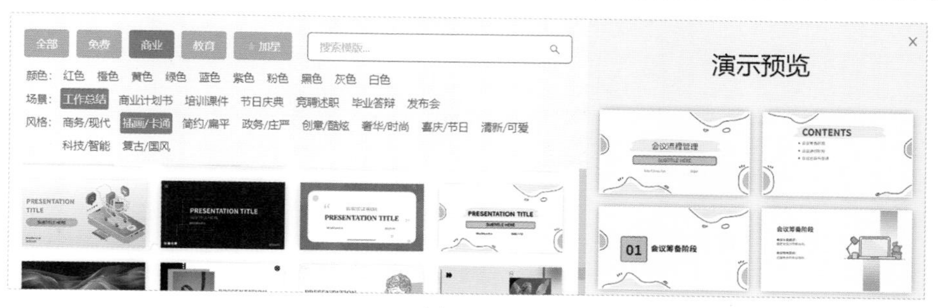

图3.7-3

> Tips
>
> 在搜索框中输入关键词，例如“节日”“会议”等，会在下方筛选出与此关键词相关联的模板。

第四步 调整布局

单击预览页面下的“布局”按钮，如图 3.7-4 所示。

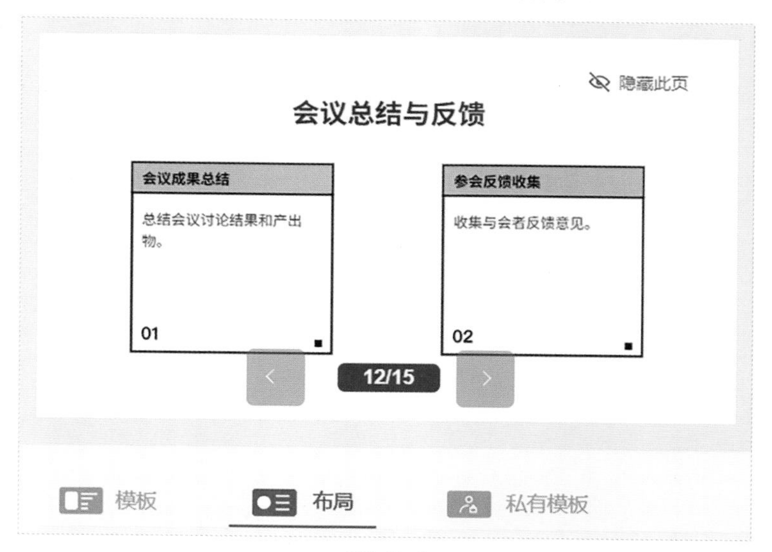

图3.7-4

在下方出现的布局中单击符合需求的样式，如图 3.7-5 所示。

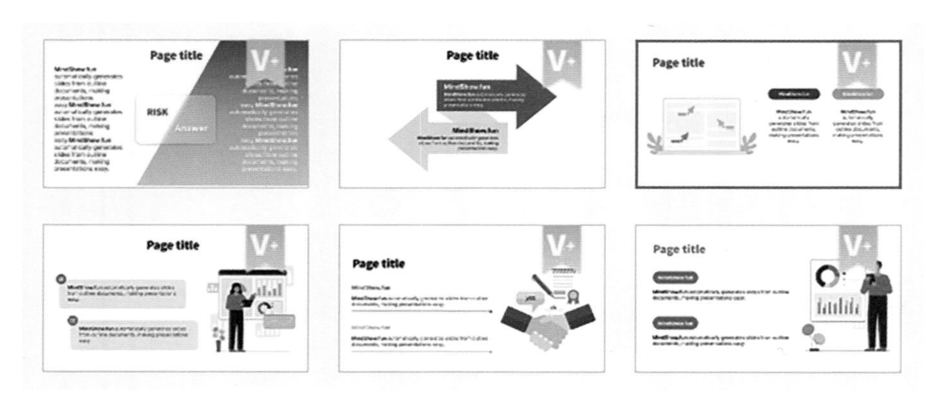

图3.7-5

更换之后，可以在上方的预览页中查看更换后的布局效果，用户可以按此方式对所有需要调整的单页布局进行一键更换。调整完成后，如有需要，可以单击“下载”按钮导出 PPT，如图 3.7-6 所示。

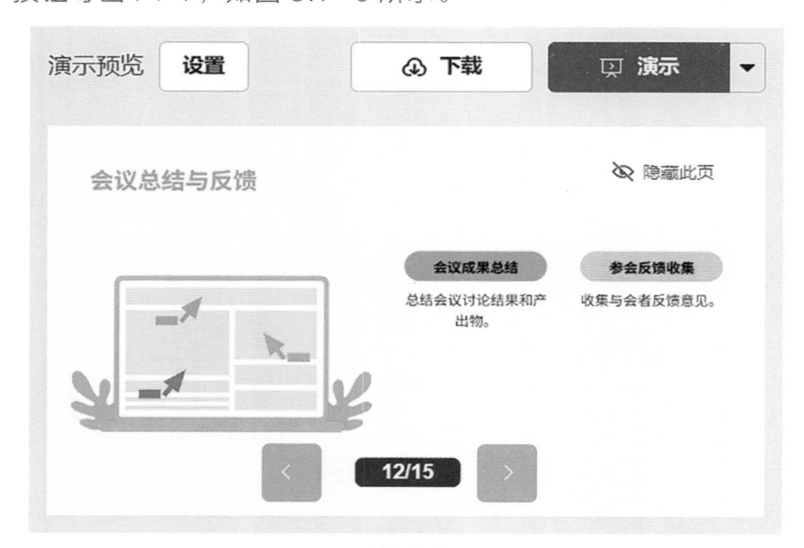

图3.7-6

Tips

1. 单击预览页面中的箭头按钮，可以实现 PPT 页面的切换。

2.PPT 的首页不支持一键更换布局，如果想要改变首页样式，可以选择更换整个模板。

3.8 用 MINDSHOW 为企业年会盛典 PPT 在线配图

AI 工具 MINDSHOW

在美化 PPT 时，手动寻找合适的图片并调整至合适尺寸往往需要一定时间，MINDSHOW 的在线配图功能可以根据用户输入的内容快速提供合适的图片，在提升视觉吸引力的同时也优化了创作流程。

成果展示

思维导图

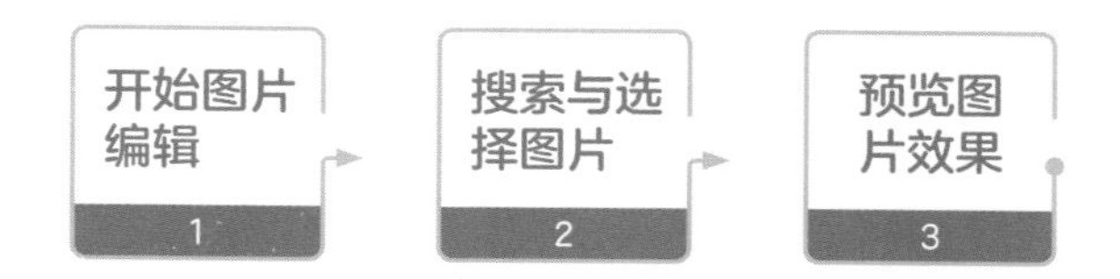

操作步骤

在一键生成 PPT 时，MINDSHOW 不仅可以实现自动配图，还能在此基础上在线更换图片，为 PPT 的视觉效果提供更多可能。

第一步 开始图片编辑

在 MINDSHOW 中一键生成 PPT 时，会默认自动配图。生成 PPT 后，单击编辑页面中的图片，然后单击图片右上角的按钮，即可打开图片编辑面板，如图 3.8-1 所示。

第二步 搜索与选择图片

在弹出的面板中单击“图库”按钮，在搜索框中输入关键词，单击“搜索”按钮，即可在下方浏览与该关键词相关联的图片。单击符合需求的图片，即可完成更换，如图 3.8-2 所示。

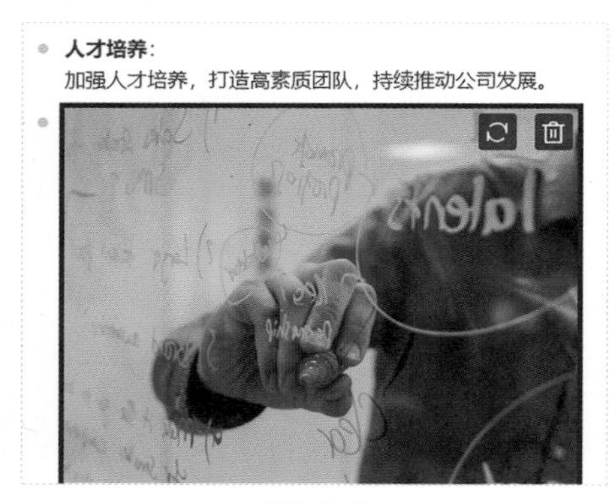

图3.8-1

图3.8-2

> Tips
>
> 除了在线图库，用户也可以通过本地上传或粘贴链接的方式来更换图片。

第三步 预览图片效果

更换完成后，可以在右侧面板的预览页中查看该图片的使用效果，如图 3.8-3 所示。

图3.8-3

3.9 用腾讯文档为新品发布 PPT 切换字体与配色

AI 工具 腾讯文档

腾讯文档的智能助手同样可以实现一键切换字体与配色，让用户无须手动逐页进行更改，便能快速提升 PPT 的视觉效果。同时，在过程中用户还能尝试多种设计方案，增加了创作的灵活性。

成果展示

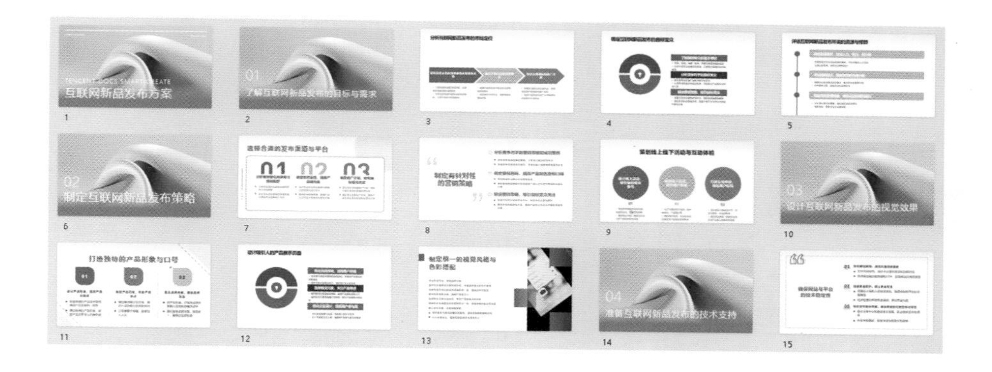

思维导图

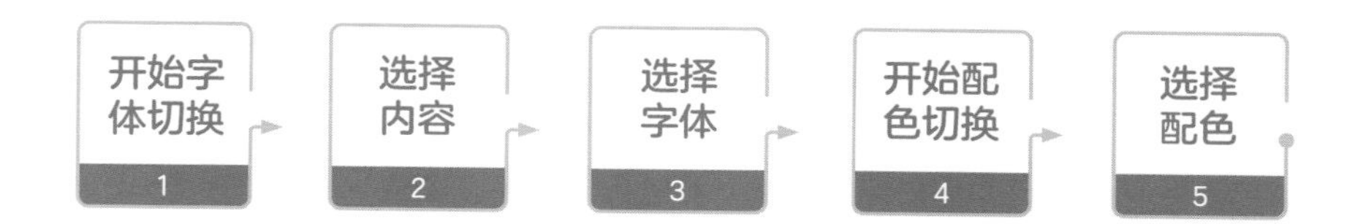

操作步骤

创建完 PPT 之后，如果有调整字体或者配色的需求，只需要通过和智能助手对话便能实现字体和配色的快速切换。

第一步 开始字体切换

利用腾讯文档一键生成 PPT 之后，继续唤起智能助手，单击“常用”按钮，在弹出的对话框中单击“字体切换”按钮，如图 3.9-1 所示。

图3.9-1

第二步 **选择内容**

单击需要切换字体的内容，如图 3.9-2 所示。

第三步 **选择字体**

单击符合需求的目标字体，即可完成切换，如图 3.9-3 所示。

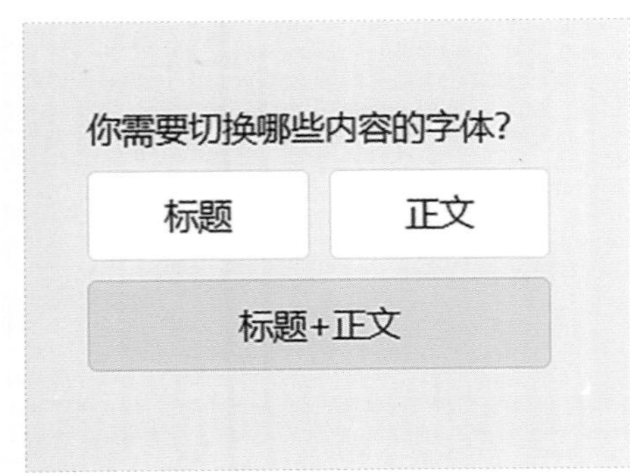

图3.9-2

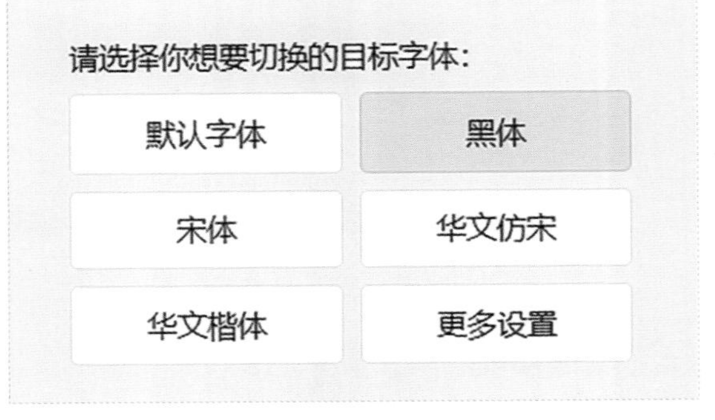

图3.9-3

Tips

单击“更多设置”按钮可以查看更多的字体类型。

第四步 开始配色切换

再次唤起智能助手，单击“常用”按钮，然后单击“配色切换”按钮，如图3.9-4所示。

图3.9-4

第五步 选择配色

在弹出的智能配色对话框中选择喜欢的配色方案，单击“确认修改”按钮，即可完成切换，如图3.9-5所示。

如果想要查看和选择更多配色方案，可以单击“更多配色”按钮，然后在出现的方案中单击符合需求的配色方案，待切换完成后，单击“确定”按钮即可，如图3.9-6所示。

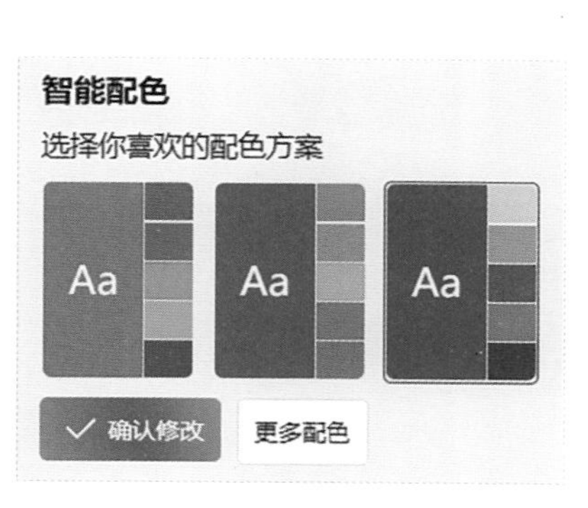

图3.9-5

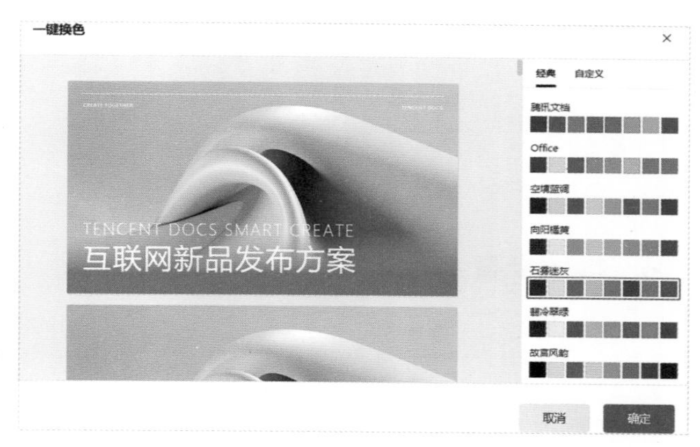

图3.9-6

3.10 OfficePLUS 进行家居设计 PPT 智能美化

AI工具 OfficePLUS

OfficePLUS 作为功能强大的插件，可以帮助用户一键实现 PPT 的智能美化，包括一键换肤、换色和统一字体。这些功能极大地简化了 PPT 的美化流程，即使是没有设计背景的用户，也能够快速提升演示文稿的美观度。

成果展示

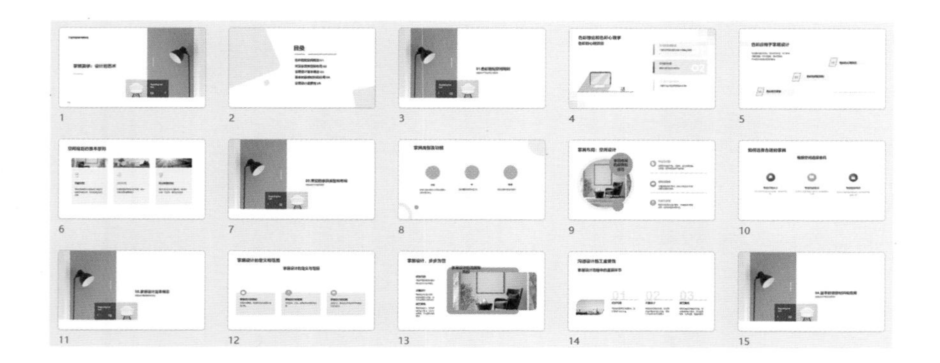

思维导图

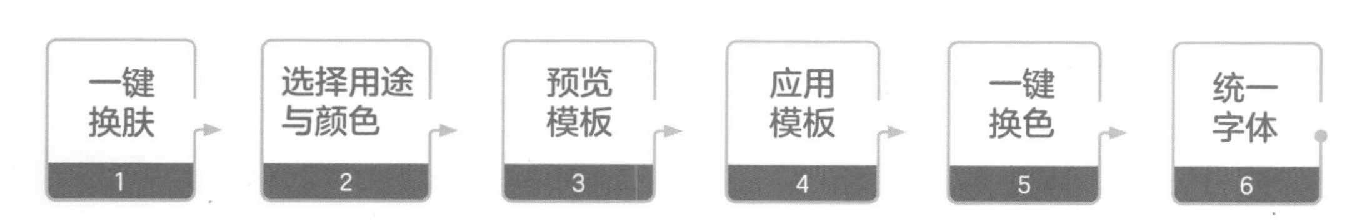

操作步骤

在 PowerPoint 中打开需要美化的幻灯片，借助 OfficePLUS 中的一键美化功能即可制作出美观又专业的演示文稿。

第一步 一键换肤

在 PowerPoint 中打开已创建好的幻灯片，在菜单栏中单击 OfficePLUS 选项卡，然后单击“一键换肤”按钮，如图 3.10-1 所示。

图3.10-1

第二步 选择用途与颜色

在弹出的页面中单击符合需求的用途与颜色，如图 3.10-2 所示。

图3.10-2

第三步 预览模板

在模板库中查看模板，如果有符合需求的模板，单击模板下方的“预览”按钮，即可开始预览换肤效果，如图 3.10-3 所示。

第四步 应用模板

如果对预览的效果比较满意，单击“应用”按钮，即可完成更换，如图 3.10-4 所示。

图3.10-3

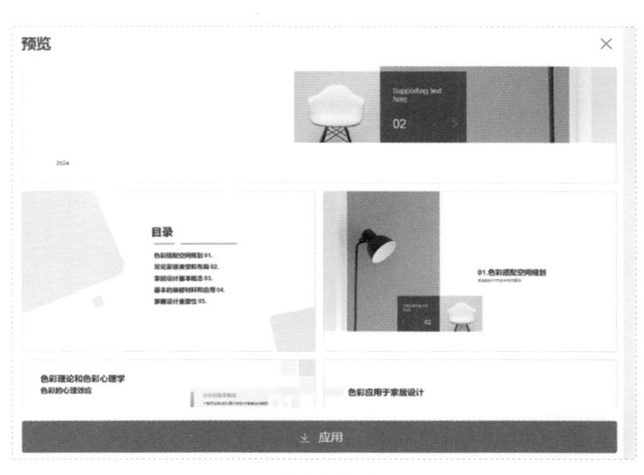

图3.10-4

第五步 一键换色

在 OfficePLUS 选项卡中单击“一键换色”按钮，如图 3.10-5 所示。在弹出的页面中对配色方案进行浏览，如果有想要更换的配色方案，单击该方案下方的“预览”按钮即可开始预览配色效果。预览完成后，如果觉得该方案符合需求，单击“应用”按钮即可更换配色，如图 3.10-6 所示。

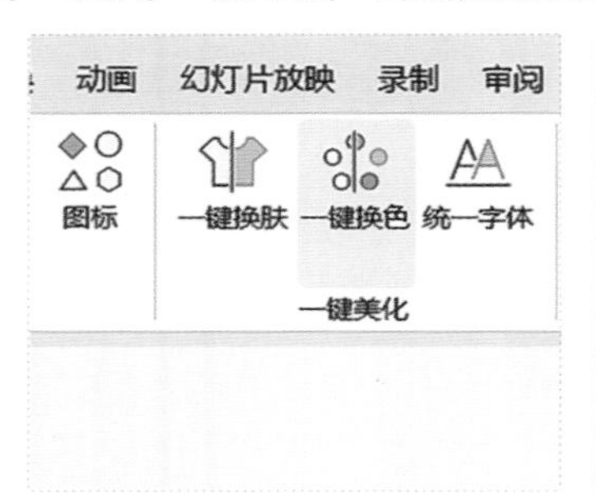

图3.10-5

图3.10-6

第六步 统一字体

在 OfficePLUS 选项卡中单击“统一字体”按钮，如图 3.10-7 所示。

图3.10-7

参考一键换色的方式对字体方案进行预览和应用即可，如图3.10-8所示。

图3.10-8

Tips

如有需要，可以先对配色及字体方案的用途进行选择，这样有助于筛选出更符合 PPT 主题的配色与字体。

第四章

一键润色PPT

4.1 用 AiPPT 为学术演讲 PPT 润色与翻译

AI工具 AiPPT

许多 PPT 智能生成工具不仅可以对页面进行美化，也可以对其中的文本内容进行润色。AiPPT 中的 AI 智能助手能够学习和理解人类的语言并进行多轮对话，用户可以通过这种方式来润色、总结或者翻译 PPT 的文本。

成果展示

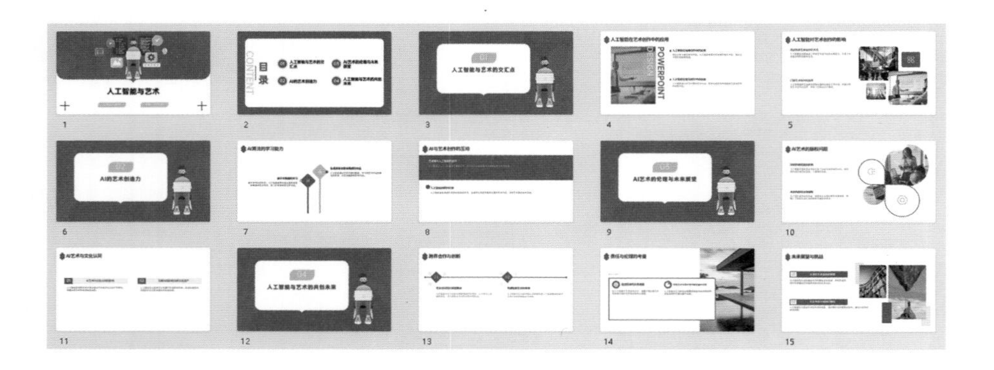

思维导图

操作步骤

AiPPT 中的 AI 创作助手可以对 PPT 文档中已生成的文本内容进行智能润色与翻译，同时还可以处理和回复用户的提问。

第一步 打开 AI 创作助手

利用 AiPPT 生成 PPT 之后，在编辑页面中，单击右侧边栏中的“AI 创作助手”按钮，如图 4.1-1 所示。

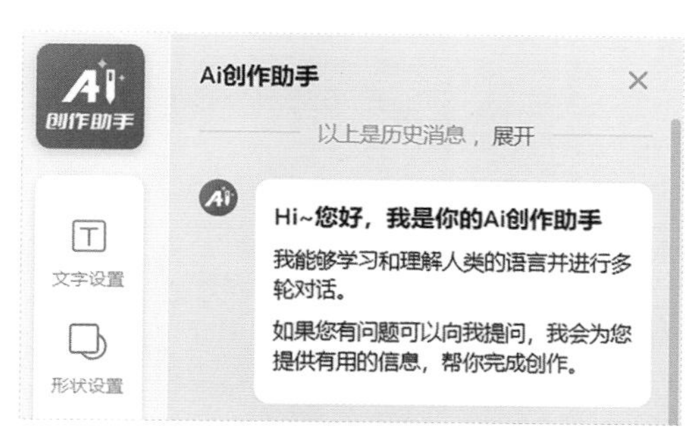

图4.1-1

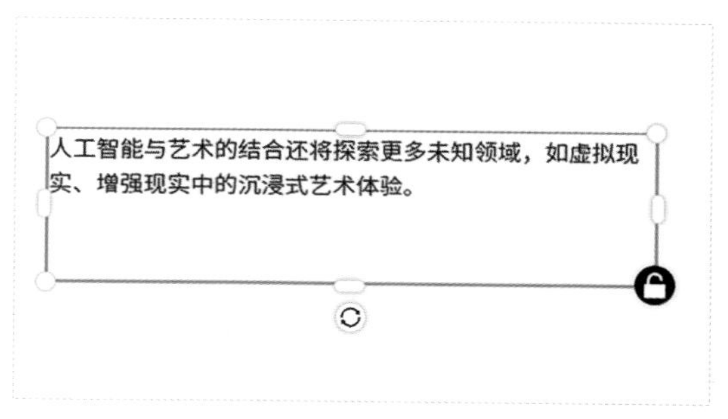

图4.1-2

第二步 选择文本

单击 PPT 页面中需要进行润色的文本内容，进行框选，如图 4.1-2 所示。

第三步 文本润色

框选文本之后，会在右侧 AI 对话框中看到已选择的文本，单击“帮我润色”按钮，即可对该段文本进行润色，如图 4.1-3 所示。

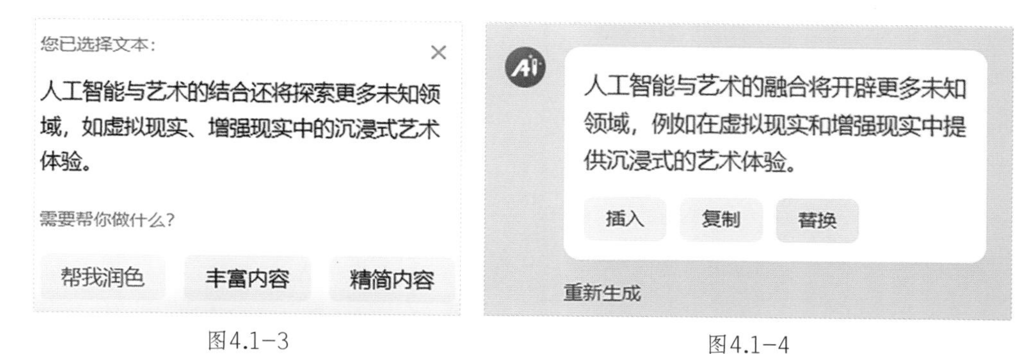

图4.1-3

图4.1-4

第四步 替换文本

润色完成后，可以在对话框中检查已润色过的文本内容，如果觉得润色后的内容符合需求，单击“替换”按钮即可完成文本替换，如图 4.1-4 所示。

> **Tips**
>
> 如果对润色后的文本内容不满意，可以单击“重新生成”按钮，重新进行润色。

第五步 翻译文本

在 PPT 页面中选中想要翻译的文本，如图 4.1-5 所示。

图4.1-5

在右侧对话框中单击“翻译英文”按钮，即可对该段文本进行翻译，如图 4.1-6 所示。

翻译完成后，可以查看和检查翻译后的内容，然后根据自身需求来选择“插入”“复制”或是“替换”原文本，如图 4.1-7 所示。

图4.1-6

图4.1-7

Tips

1. 目前，AiPPT 只支持将文本内容翻译为英文。

2. 如有需要，用户也可以参考上述步骤对 PPT 里的文本进行丰富内容、总结内容、改写语气等操作。

4.2 用百度文库对旅游攻略 PPT 进行智能解读

AI 工具 百度文库

百度文库的智能助手集成了多项先进的人工智能技术，旨在提升用户制作 PPT 的效率与质量。除了智能美化 PPT，智能助手还能够深入理解生成的 PPT 文档的重点、行文逻辑和内容风格，帮助用户对文档进行智能解读。

成果展示

思维导图

操作步骤

一键生成 PPT 之后，可以继续借助智能助手来解读整篇 PPT 文档，然后让其总结大意、回答问题或者生成演讲稿。

第一步 总结文档大意

使用百度文库生成“上海旅游攻略”PPT，然后进入编辑页面，单击右侧智能助手操作面板中的“总结本文档大意”按钮，如图 4.2-1 所示。

图4.2-1

稍等片刻，智能助手便能给出相应的回答，如图 4.2-2。如有需要，可以单击回答下方的“复制”按钮对回答的内容进行复制，如图 4.2-3。

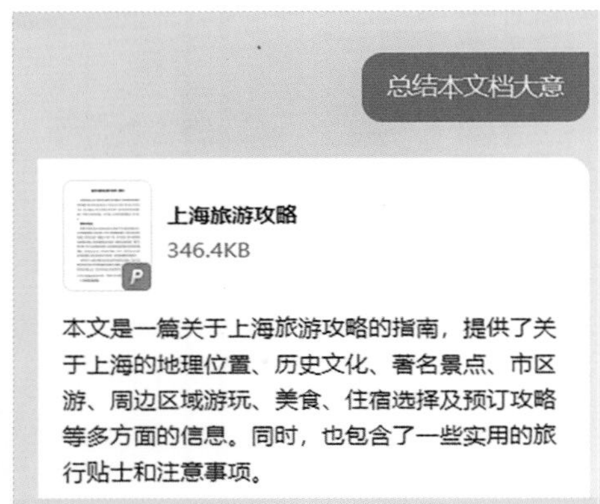

图4.2-2

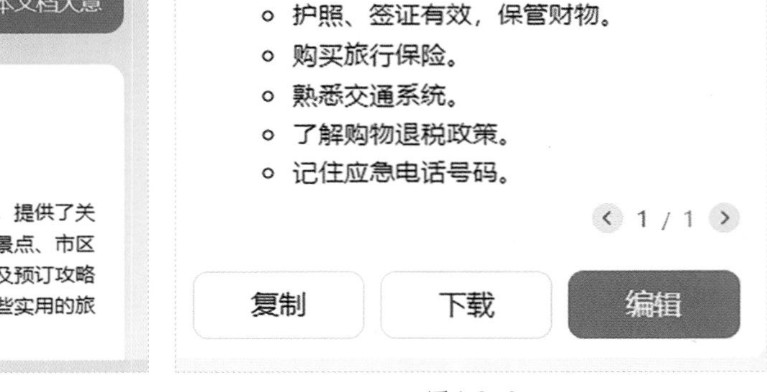

图4.2-3

Tips

单击“下载”按钮和“编辑”按钮，则可以对“上海旅游攻略”的整篇 PDF 文档进行下载和编辑。

第二步 根据文档回答问题

单击智能助手操作面板中“根据本文档回答问题”按钮，如图 4.2-4 所示。

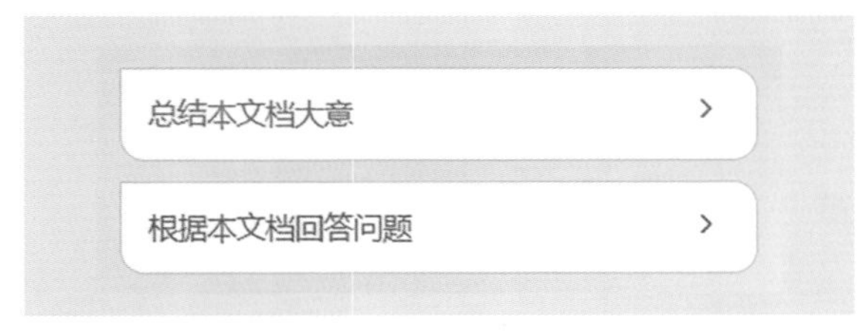

图4.2-4

当智能助手阅读完PPT内容之后，会提出一些推荐问题，单击推荐问题，即可得到回答，如图4.2-5、图4.2-6所示。

上海旅游攻略
346.4KB
我已阅读完当前内容，可点击以下推荐问题，或输入发送问题进行提问
上海的地理位置是怎样的?
上海有哪些标志性景点?

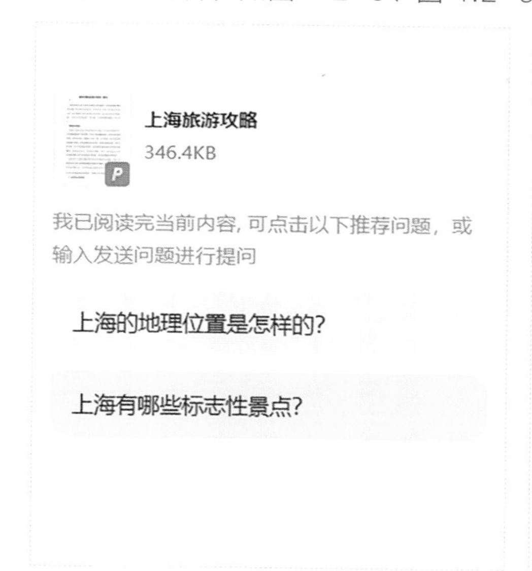

图4.2-5

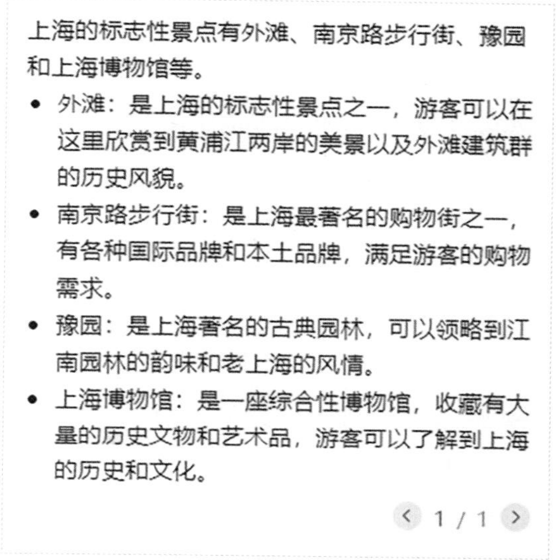

上海的标志性景点有外滩、南京路步行街、豫园和上海博物馆等。
外滩：是上海的标志性景点之一，游客可以在这里欣赏到黄浦江两岸的美景以及外滩建筑群的历史风貌。
南京路步行街：是上海最著名的购物街之一，有各种国际品牌和本土品牌，满足游客的购物需求。
豫园：是上海著名的古典园林，可以领略到江南园林的韵味和老上海的风情。
上海博物馆：是一座综合性博物馆，收藏有大量的历史文物和艺术品，游客可以了解到上海的历史和文化。
1 / 1

图4.2-6

Tips

1. 除了单击推荐问题，也可以在面板底部的对话框中输入感兴趣的其他问题，然后单击右侧箭头按钮或者按Enter键进行发送，如图4.2-7所示。

2. 百度文库通常会在回答下方提供更多的推荐问题链接或者与此问题有关的精选内容，可以按需求点击和查看，如图4.2-8所示。

智能文档
AI生成PPT
PPT中提到的本帮菜系有哪些

图4.2-7

复制
下载
编辑
上海的标志性景点如何体现上海的历史和文...
上海的标志性景点中，哪些地方是游客必去...
上海的标志性景点中，哪些地方适合情侣约...
重新生成
为你精选更多相关内容，请查收：
上海文化和旅游景点
4.38分 26阅读

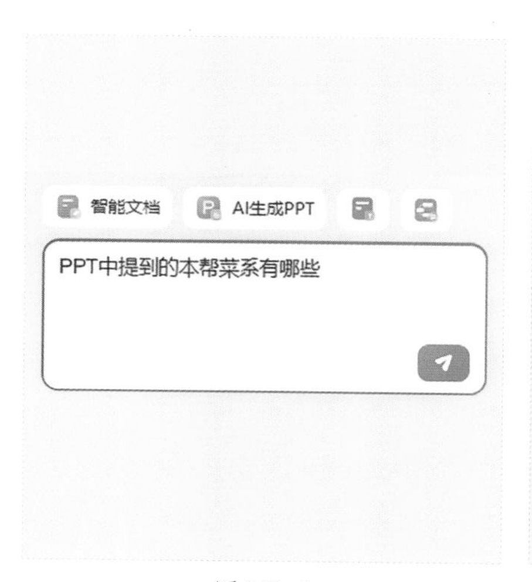

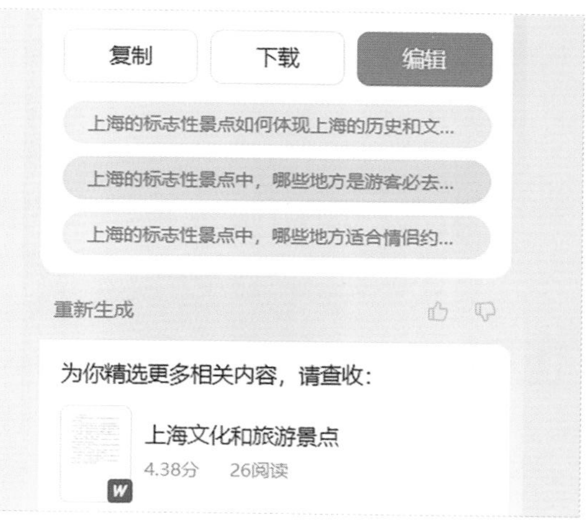

图4.2-8

第三步 生成演讲备注

单击智能助手操作面板中的“帮我生成演讲稿”按钮，如图 4.2-9 所示。等待片刻，即可生成该 PPT 的演讲稿，如图 4.2-10 所示。

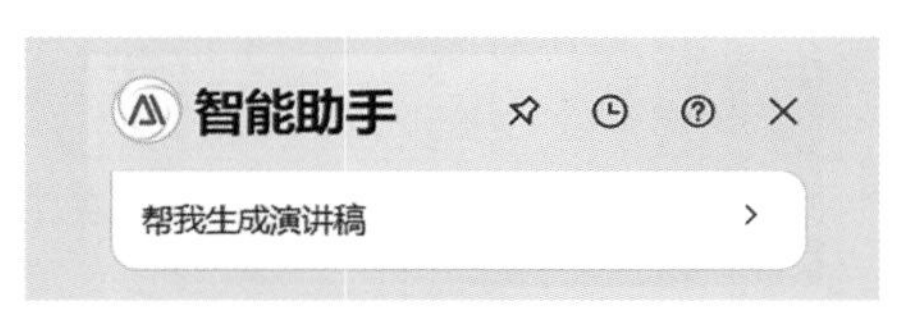

图4.2-9

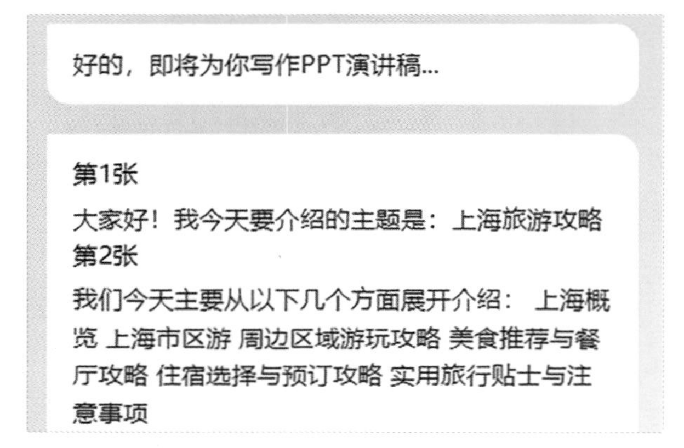

图4.2-10

Tips

百度文库生成的演讲稿往往较长，可根据自身需求自行进行删改或者借助智能助手来修改。

4.3 用百度文库为毕业答辩 PPT 添加单页

AI 工具 百度文库

在创建 PPT 的过程中，常常需要添加新的单页，在百度文库智能助手的帮助下，用户只需要输入几句话或关键词，就能生成相应的带有内容与样式的幻灯片页面，快速扩展演示内容。

成果展示

思维导图

操作步骤

一键生成 PPT 之后，选择一页幻灯片，然后在对话框中输入关键词，即可在该幻灯片下方添加符合关键词主题的新的幻灯片页面。

第一步 AI 添加 PPT

使用百度文库生成“毕业答辩”PPT，然后进入编辑页面，在左侧边栏中单击一页 PPT，然后单击其右下角的“+”按钮，在弹出的对话框中输入想要添加的主题或关键词，然后单击“立即生成”按钮，如图 4.3-1 所示。

图4.3-1

第二步 查看与编辑

稍等片刻，就能看到在所选择的 PPT 页面下方添加了一页新的 PPT，用户可以对新生成的 PPT 的内容和样式布局等进行查看与编辑，如图 4.3-2 所示。

图4.3-2

第三步 通过操作面板添加

除了上述方式，用户也可以通过智能助手操作面板来添加单页。在编辑页面中打开智能助手操作面板，然后单击“插入一页带内容的 PPT”按钮，如图 4.3-3 所示。在对话框中输入想要添加的主要内容，然后单击右侧的箭头按钮或者按 Enter 键，即可开始添加新的 PPT 单页，如图 4.3-4 所示。

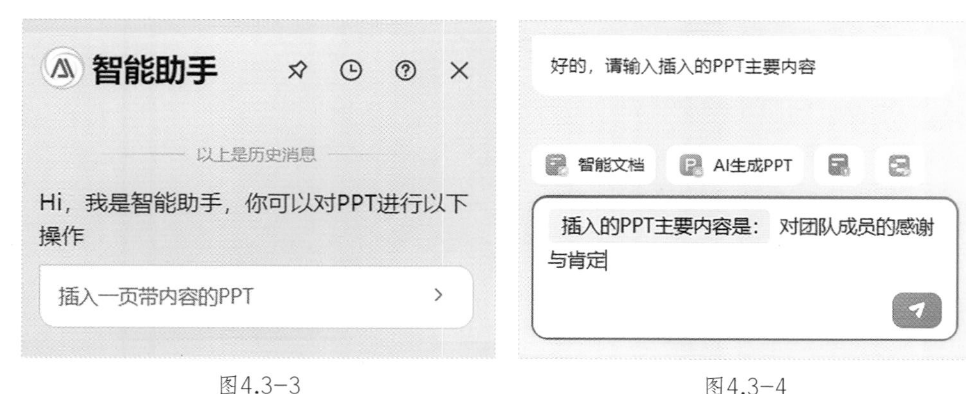

图4.3-3　　图4.3-4

Tips

在智能助手生成新的单页的过程中，如果想要停止生成，单击“停止”按钮即可，如图 4.3-5 所示。

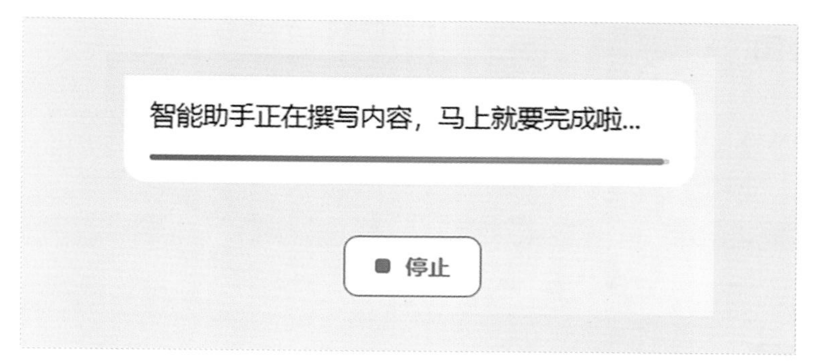

图4.3-5

4.4 用 iSlide 为员工表彰 PPT 调整单页

AI 工具 **iSlide**

作为一款提升幻灯片设计和制作效率的工具，iSlide 的生成单页功能也非常实用，用户可以借助该功能来快速调整大纲的文本内容，从而实现演讲内容的快速迭代与优化。

成果展示

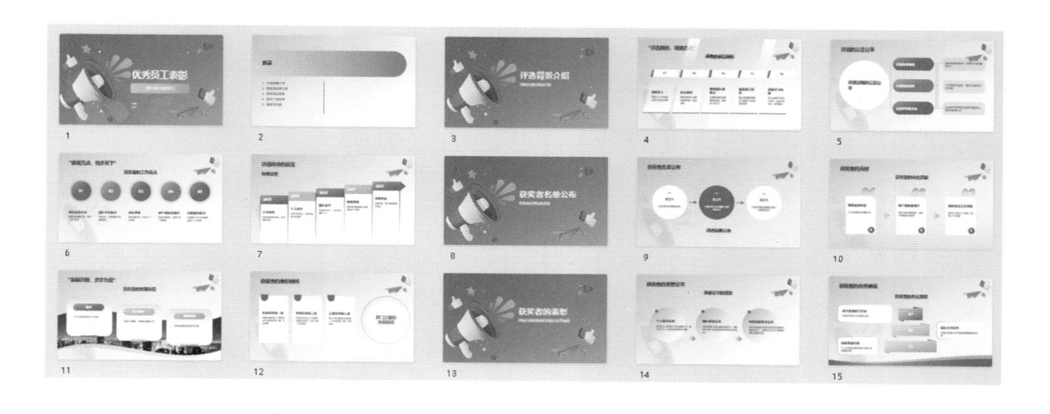

思维导图

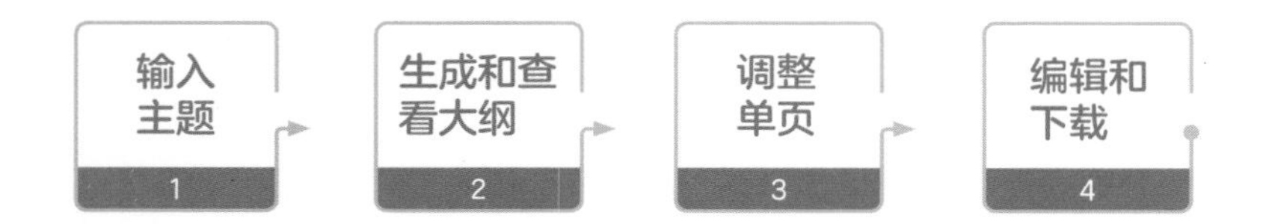

操作步骤

在 iSlide 中，可以实现一键更换正文页的所有内容，提升了编辑 PPT 大纲的效率。

第一步 输入主题

在 iSlide 首页的对话框中输入 PPT 主题，然后单击右侧箭头按钮或者按 Enter 键，如图 4.4-1 所示。

图4.4-1

第二步 生成和查看大纲

生成大纲后，可以在页面内查看大纲内容。以生成的 P20 为例，没有调整之前的内容如图 4.4-2 所示。

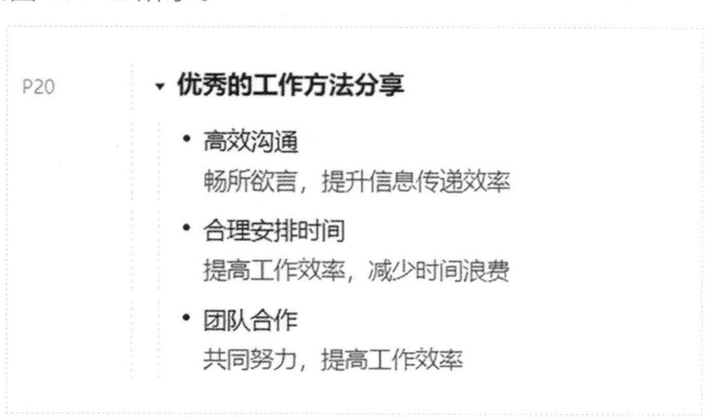

图4.4-2

第三步 调整单页

如果想要一键调整此页面的内容，可以单击正文页标题后面 按钮，如图 4.4-3 所示。单击之后，等待片刻，即可完成页面内容的快速替换，如图 4.4-4 所示。

• 持续学习提升
不断提高专业知识与技能
P20
▾ 优秀的工作方法分享
生成单页内容
• 高效沟通
畅所欲言，提升信息传递效率
• 合理安排时间
提高工作效率，减少时间浪费
• 团队合作
共同努力，提高工作效率

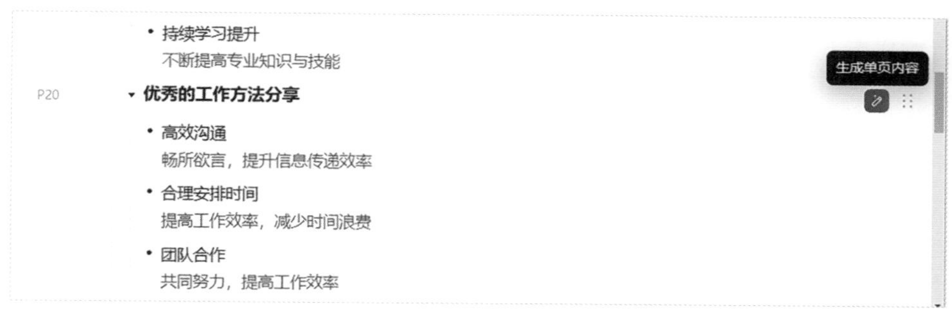

图4.4-3

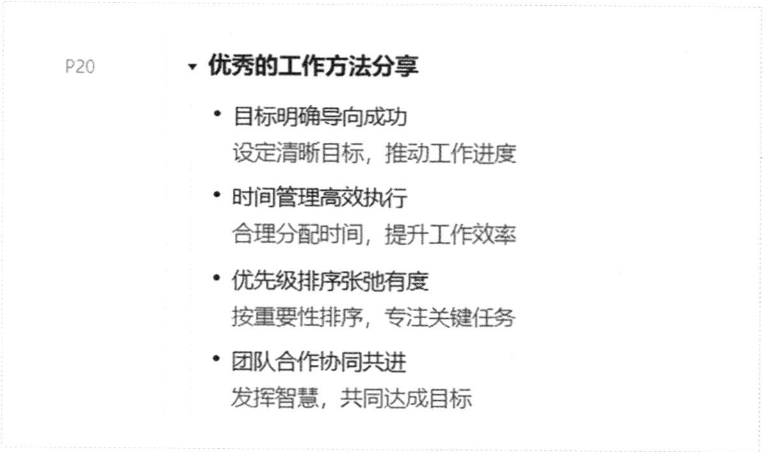

P20
▾ 优秀的工作方法分享
• 目标明确导向成功
设定清晰目标，推动工作进度
• 时间管理高效执行
合理分配时间，提升工作效率
• 优先级排序张弛有度
按重要性排序，专注关键任务
• 团队合作协同共进
发挥智慧，共同达成目标

图4.4-4

Tips

1. 如果不需要一键调整单页，用户可以单击需要调整的文字区域，按需求来逐步修改大纲内容。

2. 在调整大纲时，“生成单页内容”的功能按钮只会在正文页的标题处出现，首页、章节页和正文内容区域则不会出现此按钮。

第四步 编辑和下载

调整完成后，单击页面下方的“生成 PPT”按钮即可生成 PPT。如有需要，可以在编辑页面继续更换模板、调整大纲以及导出 PPT。

4.5 用WPS AI为美术教育PPT润色文本

AI工具 WPS AI

在使用WPS AI创建PPT时，除了可以用它来辅助美化PPT，也可以借助它对PPT的文本进行智能优化，包括润色、扩写、缩写等，从而提高PPT制作的效率与质量。

成果展示

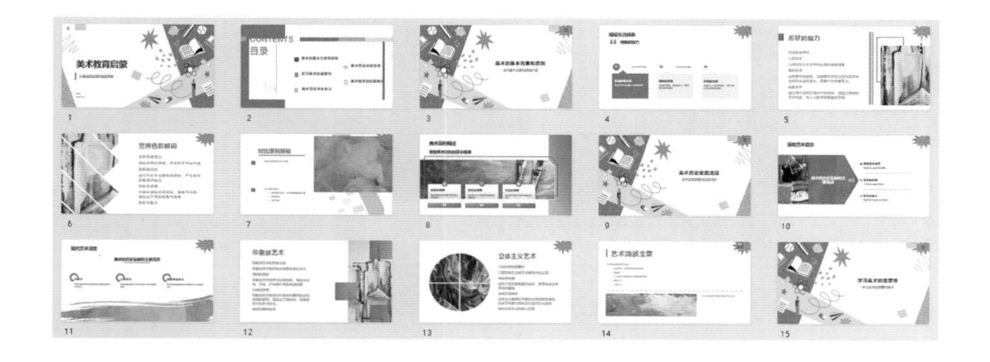

思维导图

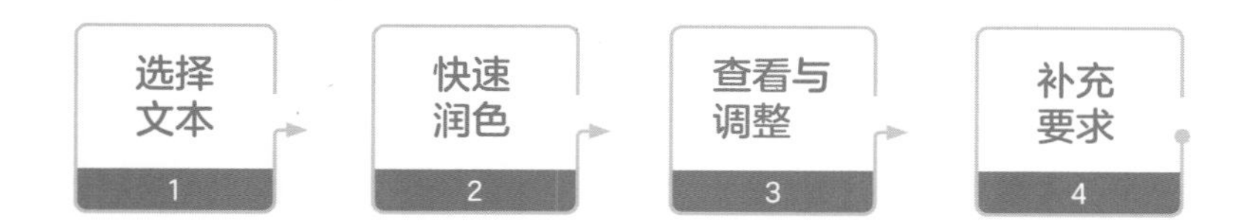

操作步骤

一键生成PPT之后，可以让WPS中的AI写作助手来调整和优化文本内容，提升演示文稿的专业度。

第一步 选择文本

在WPS中打开需要润色的PPT文档，单击页面中需要优化的文本内容，将其进行框选，如图4.5-1所示。

图4.5-1

图4.5-2

第二步 快速润色

单击页面右上方的 WPS AI 选项卡，在下拉选项框中，将鼠标光标移至“AI 帮我改”按钮，随后移至“润色”按钮，然后单击“快速润色”按钮，即可开始生成润色后的文本，如图 4.5-2 所示。

> **Tips**
>
> 用户也可以在这一步根据自身需求来选择是“润色”“扩写”还是“缩写”文本。

第三步 查看与调整

在弹出的页面中可以查看润色过后的文本内容，如果符合需求，单击右下角的“替换”按钮，即可替换原文本，如图 4.5-3 所示。

图4.5-3

如果还想对该文本继续进行优化，可以单击“调整”按钮，然后单击想要采用的润色方式来完成润色，如图 4.5-4 所示。

图4.5-4

第四步 补充要求

如果想要自行提出调整需求，可以单击“调整”选项框中的“补充要求”按钮。在弹出的对话框中输入具体的调整需求，单击右侧箭头按钮或者按 Enter 键进行提交，AI 写作助手便会按此需求来对文本进行润色，如图 4.5-5 所示。

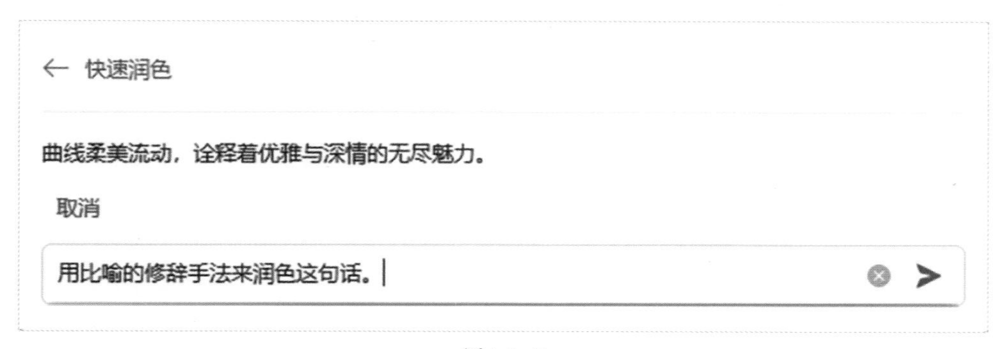

图4.5-5

4.6 用 WPS AI 为工艺普及 PPT 生成单页

AI 工具 **WPS AI**

WPS AI 的生成单页功能让用户可以快速添加符合 PPT 主题的单页，无须从头开始构思文本内容和样式布局。通过智能化的设计与内容优化，WPS AI 可以帮助用户高效、高质量地完成 PPT 创作任务。

成果展示

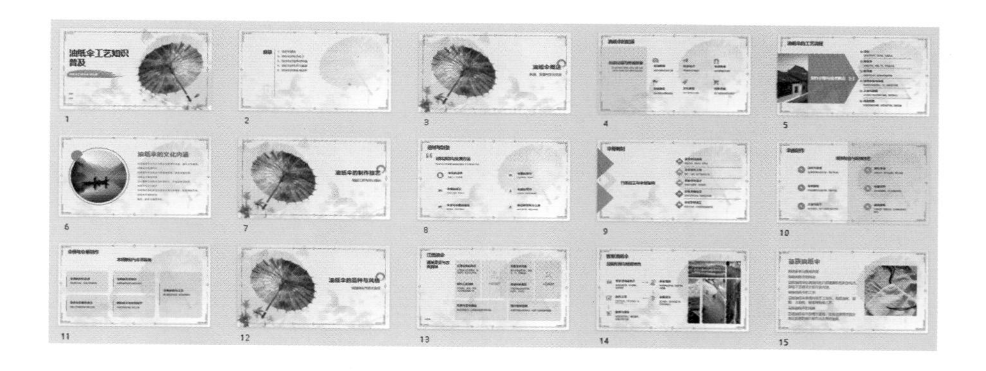

思维导图

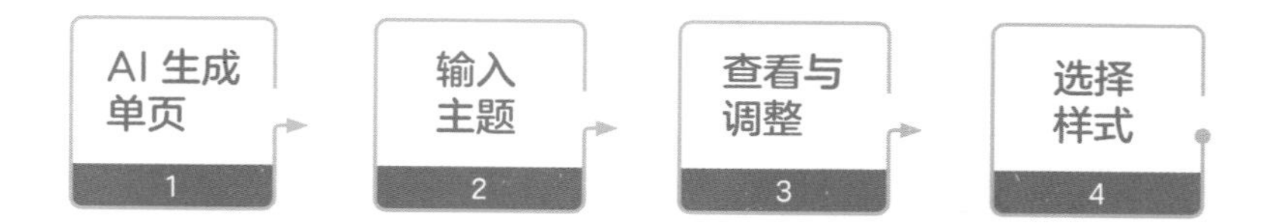

操作步骤

打开生成单页的对话框，输入单页主题，AI 将根据主题来扩写并生成单页幻灯片。

第一步 AI 生成单页

在 WPS 中打开 PPT 文档，选中一页 PPT，单击页面右上方的 WPS AI 选项卡，在下拉选项框中单击“AI 生成单页”按钮，如图 4.6-1 所示。

图4.6-1

第二步 输入主题

在弹出的对话框中输入单页主题，然后单击“智能生成”按钮或者按 Enter 键，即可开始生成单页内容，如图 4.6-2 所示。

图4.6-2

Tips

单击“优化指令”按钮可以一键优化指令内容。

第三步 查看与调整

生成单页的文本内容之后，可以对其进行查看与编辑。单击文字区域，即可对该区域的文字内容进行修改。调整完成后，单击页面下方的“生成幻灯片”按钮，即可开始选择样式，如图 4.6-3 所示。

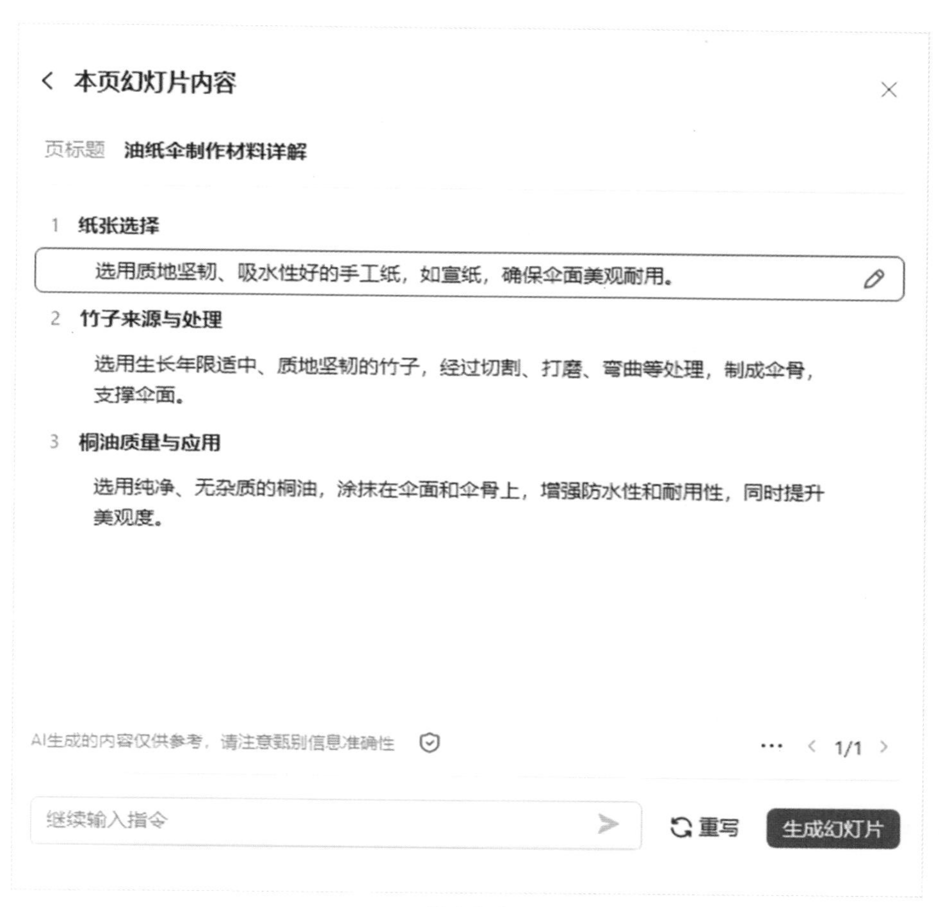

图4.6-3

第四步 选择样式

在弹出的推荐样式页面中，单击符合需求的样式，然后单击“应用此页”按钮，即可创建完毕，如图 4.6-4 所示。

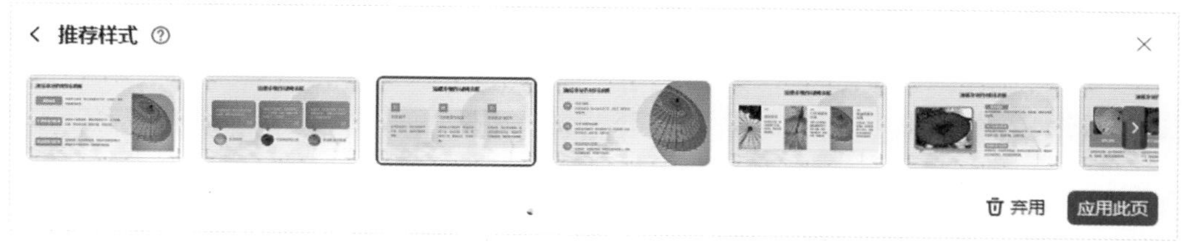

图4.6-4

4.7 用讯飞智文为环保宣传 PPT 调整文本

AI 工具 讯飞智文

讯飞智文的 AI 撰写助手可以对生成的 PPT 文本内容进行润色、扩写、缩写等多种编辑操作，确保文案既有深度又易于理解，适合不同的演示场合和受众群体。这样不仅简化了 PPT 制作流程，还保证了最终输出的质量，有效提升了办公和学习效率。

成果展示

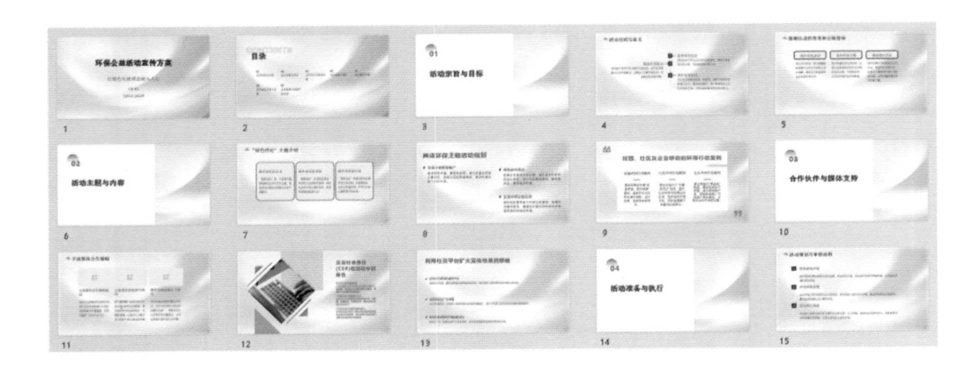

思维导图

操作步骤

选中文本后，通过快捷指令或者在对话框中输入指令，便能让 AI 对文本进行润色或调整。

第一步 选择原文本

使用讯飞智文生成“环保公益宣传”PPT，然后进入编辑页面，按住鼠标左键选中想要调整的文本，如图 4.7-1 所示。

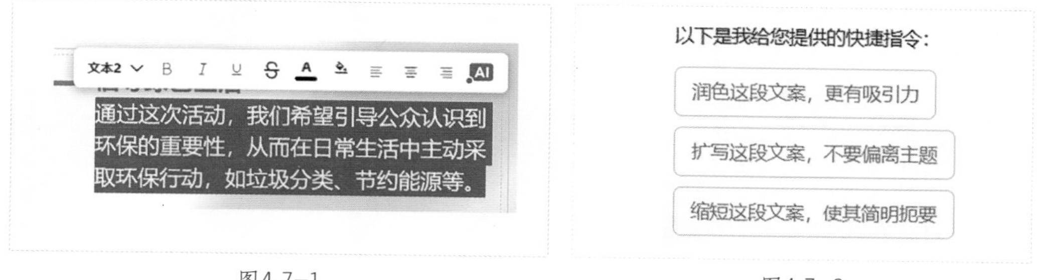

图4.7-1　　　　图4.7-2

第二步 缩写文本

单击页面内的 AI 按钮，唤起 AI 撰写助手，在快捷指令中单击“缩短这段文案，使其简明扼要”按钮，如图 4.7-2 所示。

用户也可以根据需求来选择“润色”或者“扩写”文案。

第三步 更换原文本

随后，可以在 PPT 页面内看到缩写后的文本内容，如图 4.7-3 所示。

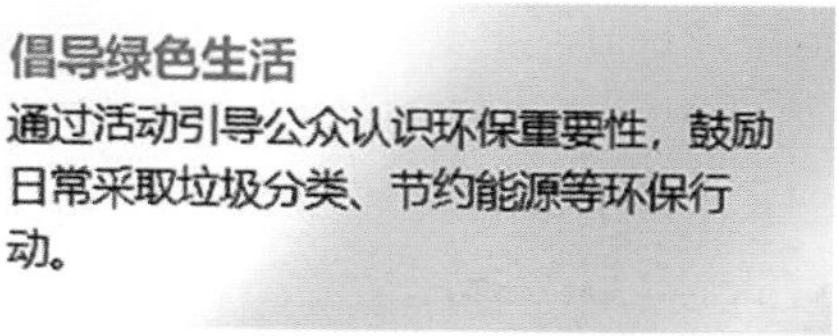

倡导绿色生活
通过活动引导公众认识环保重要性，鼓励日常采取垃圾分类、节约能源等环保行动。

图4.7-3

如果觉得缩写后的文本内容符合需求，单击右侧选项框中的“新文本”按钮，即可完成更换，如图 4.7-4 所示。

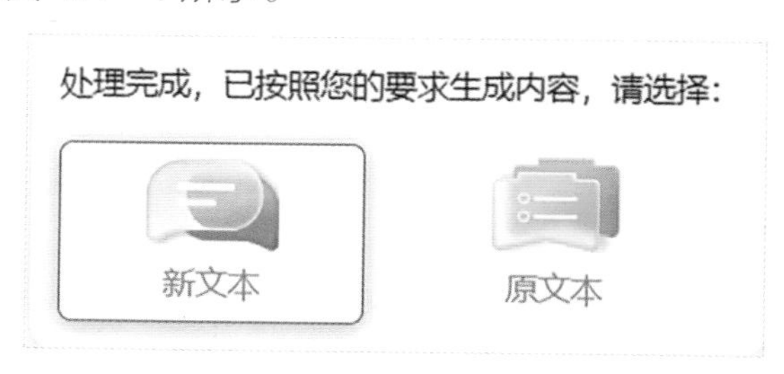

图4.7-4

第四步 拆分文本

在 PPT 页面中选中另一段需要调整的文本，如图 4.7-5 所示。在右侧 AI 撰写助手面板底部的对话框中输入调整指令，单击右侧箭头按钮或者按 Enter 键，如图 4.7-6 所示。调整完成后，可以在 PPT 页面内查看调整后的文本内容，如果符合需求，用新文本对原文本进行更换即可，如图 4.7-7 所示。

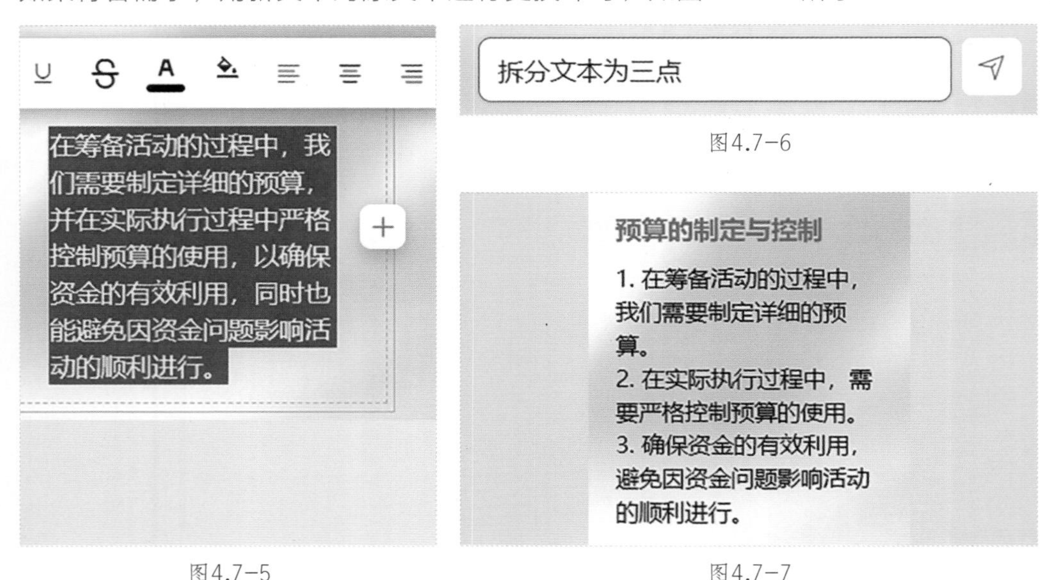

图4.7-5

图4.7-6

图4.7-7

Tips

讯飞智文的 AI 撰写助手可以执行包括但不限于：文案的润色、扩写、翻译、缩写、拆分、总结、提炼、纠错、改写等操作，用户可以按需求进行尝试。

第五步 生成演讲备注

除了调整文本内容，讯飞智文还支持为 PPT 生成演讲备注。将鼠标光标移至 PPT 页面，单击“演讲备注”按钮，然后单击“AI 生成”按钮，即可基于该页的内容生成演讲备注，如图 4.7-8 所示。

图4.7-8

4.8 用歌者 AI 为书法培训 PPT 一键翻译

AI 工具 歌者 AI

歌者 AI 是一款用于提升 PPT 创作效率与质量的 AI 工具，其智能翻译功能可以在保持 PPT 原排版不变的情况下实现整个 PPT 文本的一键翻译，同时支持多国语言之间的互译，这一功能极大地便利了需要将演示文稿转换为不同语言的用户。

成果展示

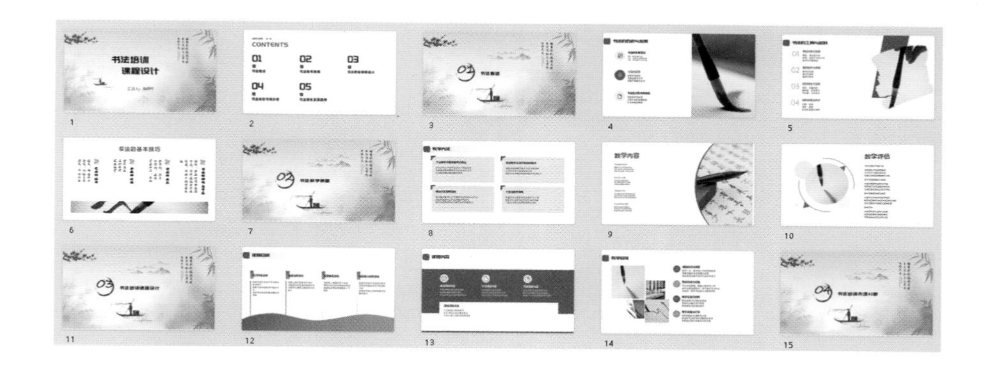

思维导图

操作步骤

选择“智能翻译”功能后，上传原始的 PPT 文档，指定源语言和目标语言后，AI 便会开始处理整个翻译任务。

第一步 选择智能翻译

在歌者 AI 首页单击“智能翻译”按钮，如图 4.8-1 所示。

图4.8-1

Tips

本案例使用歌者AI免费版来进行展示，其免费版与专业版在功能和界面上都存在一定差异，专业版可以实现接近专业人员的高质量翻译，但需要充值会员才能使用。

第二步 上传PPT

单击“上传PPT”按钮，将需要进行翻译的PPT上传，如图4.8-2所示。

图4.8-2

第三步 选择语言

上传完成后，可以在页面内对源语言和目标语言进行选择，然后单击“立即翻译”按钮，即可开始翻译PPT，如图4.8-3所示。

图4.8-3

第四步 下载 PPT

翻译完成后，单击“下载 PPT”按钮，如图 4.8-4 所示。

图4.8-4

第五步 查看与编辑

在 WPS 或者 PowerPoint 中打开已下载的 PPT，可以查看每一页的翻译结果。如有需要，可以继续对文本内容或样式进行编辑，如图 4.8-5 所示。

图4.8-5

Tips

AI 翻译虽然快捷，但可能存在翻译不够精确的情况，在正式使用该 PPT 前，建议进行人工审核与调整。

4.9 用腾讯文档对作品分享 PPT 进行智能解读

AI 工具 腾讯文档

腾讯文档的智能助手不仅可以帮助用户一键生成和美化 PPT，还可以对整个 PPT 文档进行解读并实现文档问答。同时，智能助手也可以一键生成演讲备注，帮助用户更好地简化演讲之前的准备工作。

成果展示

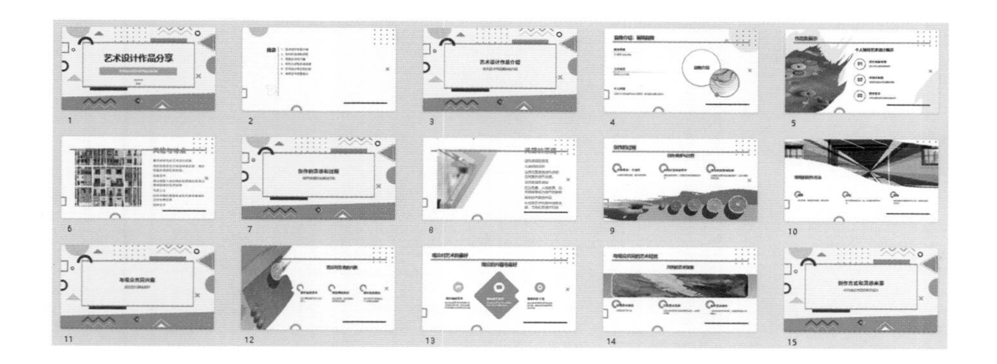

思维导图

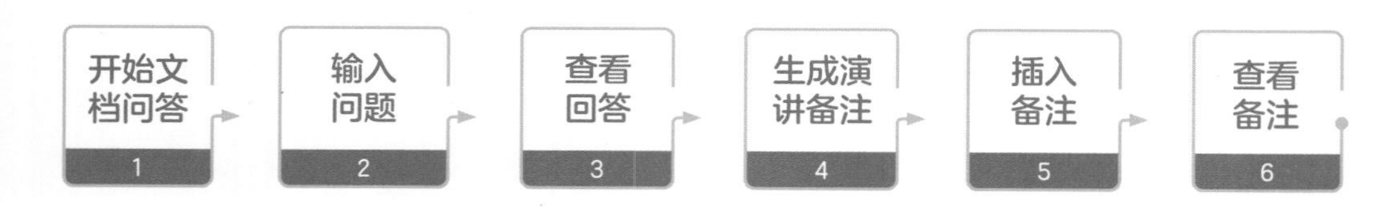

操作步骤

在腾讯文档中生成或者打开 PPT 文档，唤起智能助手，便可以让它帮忙回答文档问题并生成演讲备注。

第一步 开始文档问答

在腾讯文档中打开“艺术设计作品分享”PPT，然后唤起智能助手，在智能助手面板中单击“文档问答”按钮，如图 4.9-1 所示。

图4.9-1

第二步 **输入问题**

在对话框中输入问题，然后单击右侧箭头按钮或者按 Enter 键，如图 4.9-2 所示。

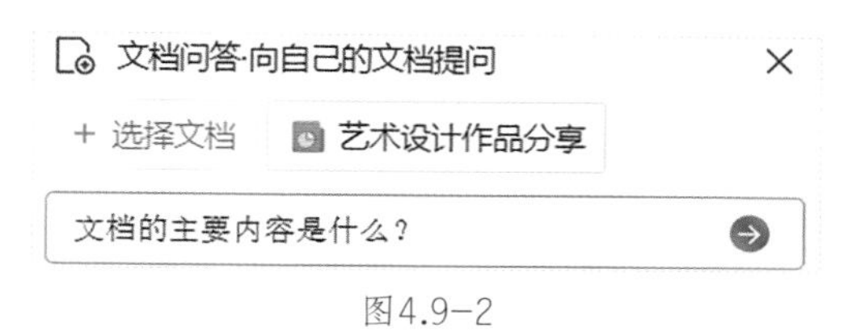

图4.9-2

第三步 **查看回答**

稍等片刻，智能助手便能给出相应的回答，用户可以在对话框中查看该回答。同时，可以单击回答下方的推荐问题，以获取更多关于该文档的解读，如图 4.9-3 所示。

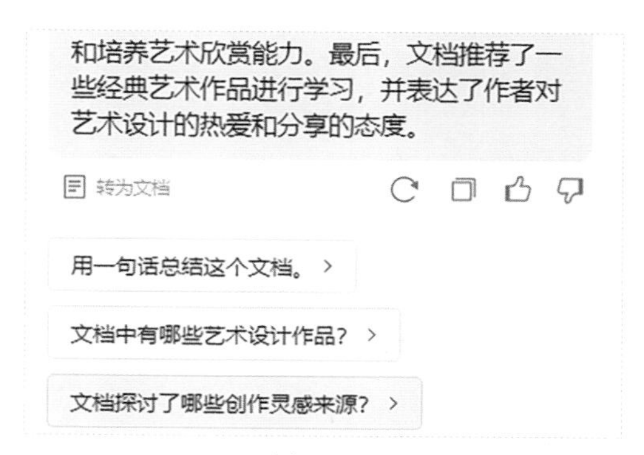

图4.9-3

Tips

1. 用户也可以继续在面板底部的对话框中输入其他关于该 PPT 文档的问题来获取回答。

2. 单击回答下方的“转为文档”按钮，可以将该回答转换为在线文档、表格、思维导图等格式。

第四步 生成演讲备注

继续唤起智能助手，单击“常用”按钮，然后单击“生成演讲备注”按钮，即可开始生成演讲备注，如图 4.9-4 所示。

图4.9-4　　图4.9-5

第五步 插入备注

待演讲备注生成完毕后，单击“插入备注”按钮，可以将演讲备注插入到 PPT 页面下方，如图 4.9-5 所示。

第六步 查看备注

单击想要查看的 PPT 页面，即可在该页面下方看到该页的演讲备注，如图 4.9-6 所示。

图4.9-6

Tips

单击演讲备注的文字，可以对演讲备注的内容进行修改。

第五章

实用演示技巧

5.1 批量添加动画

应用工具 PowerPoint

为 PPT 添加动画可以使演示更加生动有趣，同时增强信息的传达效果。为了避免手动添加动画导致的耗时过程，可以在 PowerPoint 中选择批量随机添加动画，这个功能允许用户一次性设置多个对象或幻灯片的动画，极大地提高了创作效率。

思维导图

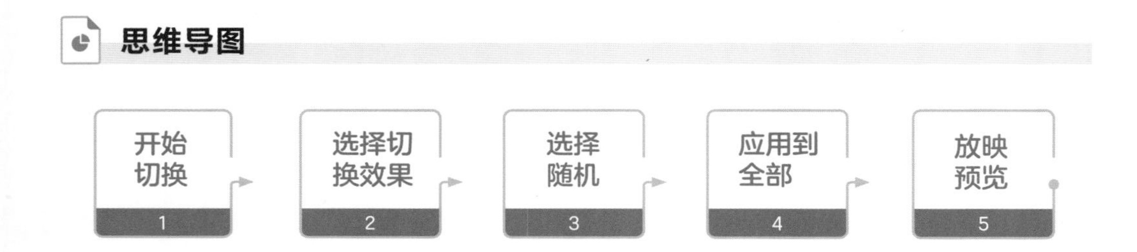

操作步骤

利用批量动画设置，演讲者可以实验不同的动画组合，并能快速预览整体效果，从而更自由地发挥创意，找到最能表达自己想法的视觉表现方式。

第一步 开始切换

打开 PPT 文档，选中一页幻灯片，单击菜单栏里的“切换”选项卡，如图 5.1-1 所示。

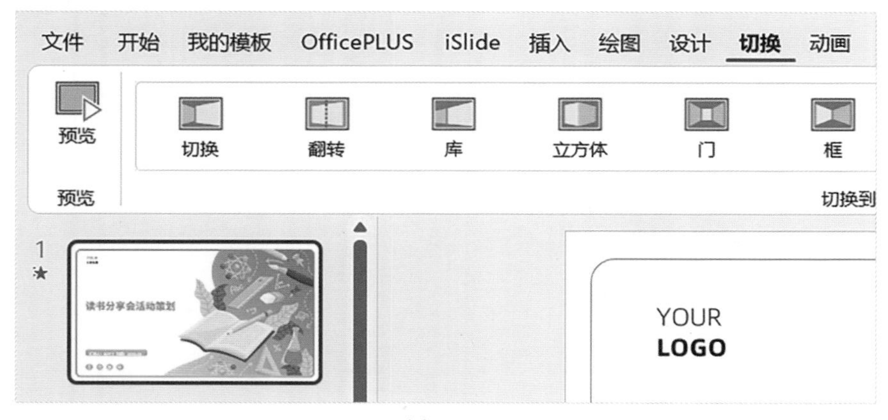

图5.1-1

第二步 选择切换效果

单击“切换效果”选项框右下角的下拉箭头按钮，如图 5.1-2 所示。

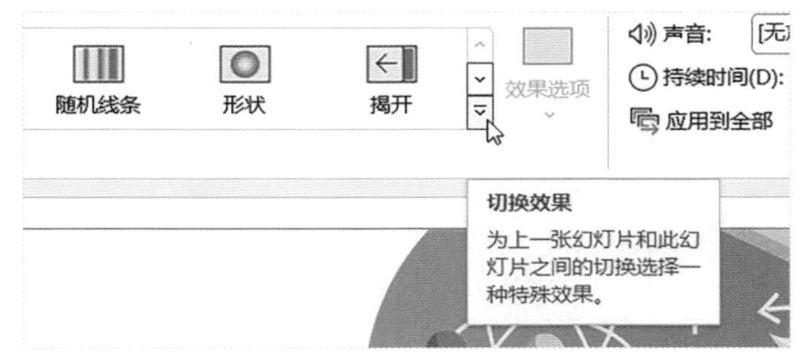

图5.1-2

第三步 选择随机

单击“华丽”效果下方的“随机”按钮，如图 5.1-3 所示。

图5.1-3

第四步 应用到全部

单击“应用到全部”按钮，即可完成添加，如图 5.1-4 所示。

图5.1-4

Tips

在应用到全部幻灯片之前，用户还可以按需求对切换时的换片方式、有无声音以及持续时间等进行设置。

第五步 放映预览

添加完成后，可以单击页面右下角的“幻灯片放映”按钮或者按 F5 键来预览动画效果，如图 5.1-5 所示。

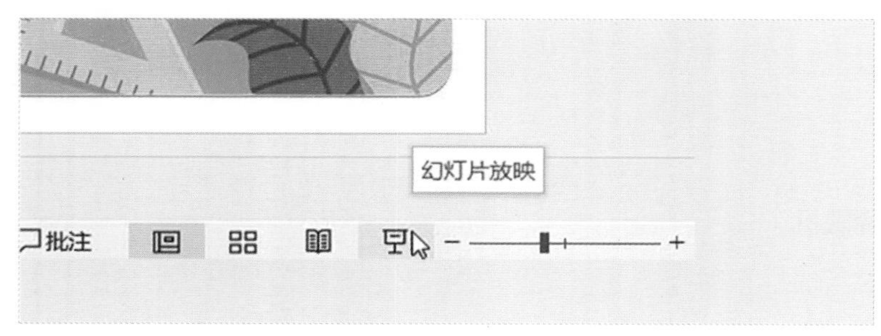

图5.1-5

5.2 批量导出 PPT 图片

应用工具 无

当需要将演示文稿中的所有图片进行储存时，使用批量导出 PPT 图片的快捷操作方式可以显著提高存储图片的效率。

思维导图

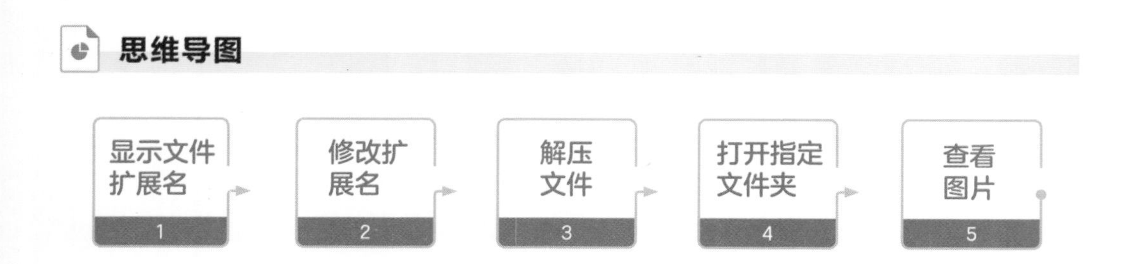

操作步骤

通过修改文件扩展名的方式，可以一键将 PPT 当中的所有图片进行导出。

第一步 显示文件扩展名

打开 PPT 文档所在文件夹，单击“查看”选项卡，勾选“文件扩展名”选项，如图 5.2-1 所示。

图5.2-1

第二步 修改扩展名

右击 PPT 文件，然后单击“重命名”按钮，如图 5.2-2 所示。将 .pptx 的扩展名改为 .rar，如图 5.2-3 所示。

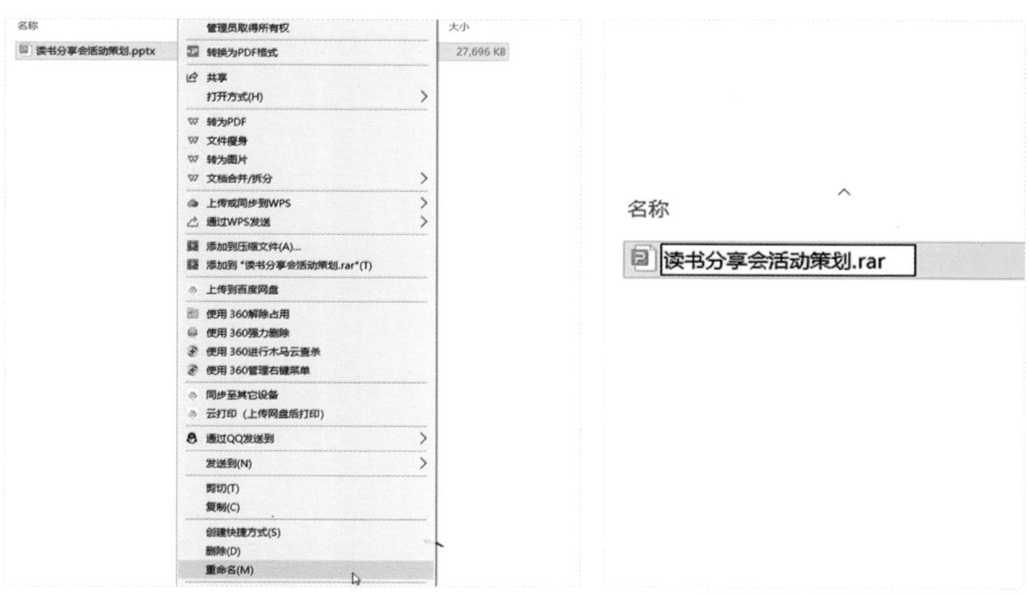

图5.2-2

图5.2-3

第三步 解压文件

右击解压修改扩展名之后的文件，如图 5.2-4 所示。

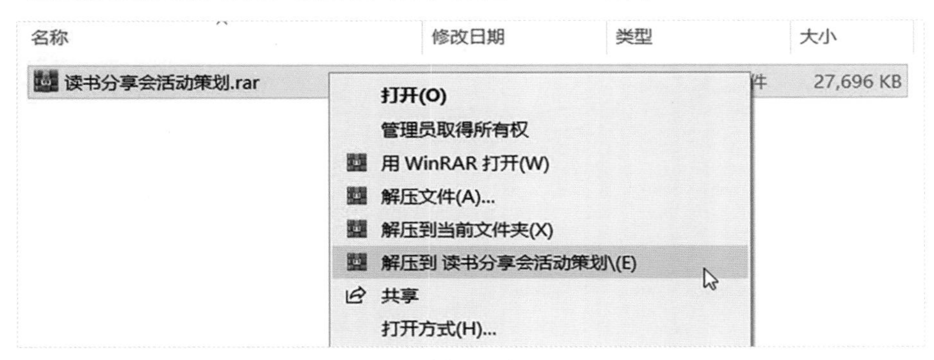

图5.2-4

第四步 打开指定文件夹

双击打开解压过后的文件夹，如图 5.2-5 所示。

名称	修改日期	类型	大小
读书分享会活动策划	2024/7/23 13:54	文件夹	
读书分享会活动策划.rar	2024/7/23 11:02	WinRAR 压缩文件	27,696 KB

图5.2-5

双击打开 ppt 文件夹，如图 5.2-6 所示。

名称	修改日期	类型	大小
_rels	2012/7/2 9:52	文件夹	
docProps	2012/7/2 9:52	文件夹	
ppt	2012/7/2 9:52	文件夹	
[Content_Types].xml	2012/7/2 9:52	XML 文档	12 KB

图5.2-6

然后双击打开 media 文件夹，如图 5.2-7 所示。

名称	修改日期	类型	大小
_rels	2012/7/2 9:52	文件夹	
fonts	2012/7/2 9:52	文件夹	
media	2012/7/2 9:52	文件夹	
slideLayouts	2012/7/2 9:52	文件夹	

图5.2-7

第五步 查看图片

打开 media 文件夹之后，即可在该文件夹中查看所有导出的 PPT 图片，如图 5.2-8 所示。

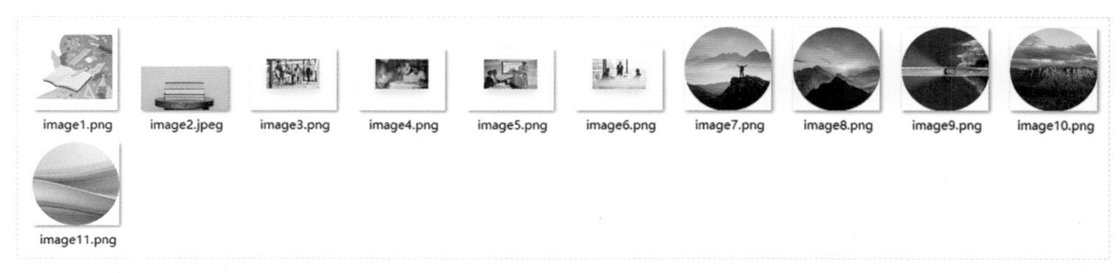

图5.2-8

5.3 一键复制与应用格式

应用工具 无

在 PowerPoint 中，如果想要将某个文本或对象的格式（包括颜色、边框、填充效果、阴影以及动画效果等）应用到其他文本或对象上，可以使用格式刷快捷键来完成，这个功能在保持演示文稿风格统一和快速格式调整方面非常有用。

思维导图

复制格式 1 → 应用格式 2 → 查看效果 3

操作步骤

使用 Ctrl+Shift+C 与 Ctrl+Shift+V 两个快捷键可以在 PPT 中快速实现格式的复制与应用。

第一步 **复制格式**

打开 PPT 文档，单击选中幻灯片中的某个目标文本或对象，然后按下 Ctrl+Shift+C 快捷键，将该对象的格式进行复制，如图 5.3-1 所示。

图5.3-1

第二步 **应用格式**

单击选中想要应用该格式的目标文本或对象，按下 Ctrl+Shift+V 快捷键，应用该格式，如图 5.3-2 所示。

第三步 **查看效果**

应用格式之后，可以看到选中的图形已经从之前的渐变效果切换为与目标对象一致的渐变效果，如图 5.3-3 所示。

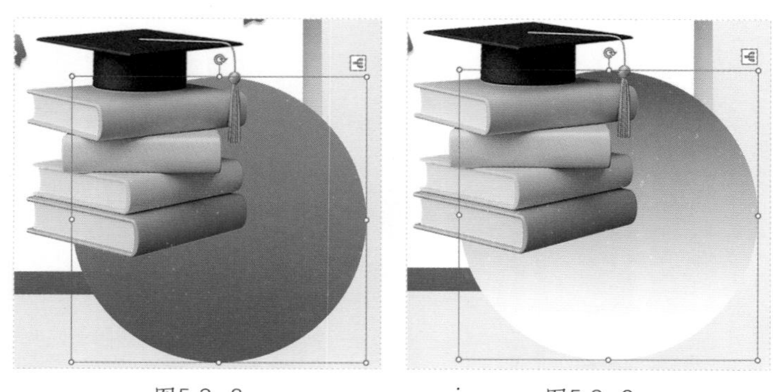

图5.3-2　　图5.3-3

5.4 一键对齐文本框

应用工具 **PowerPoint**

在创建 PPT 时，时常需要进行对齐文本框这个操作，而手动对齐每个文本框既费时又可能导致不精确的对齐。一键对齐功能允许用户一次性选择多个文本框，并自动将它们按照所选的对齐方式（如左对齐、居中对齐等）进行调整，极大地提高了效率。

思维导图

操作步骤

选中需要对齐的文本框，单击菜单栏中的对齐选项即可快速调整布局。

第一步 选择文本框

打开 PPT 文档，按住 Ctrl 键，单击选中所有需要对齐的文本框，如图 5.4-1 所示。

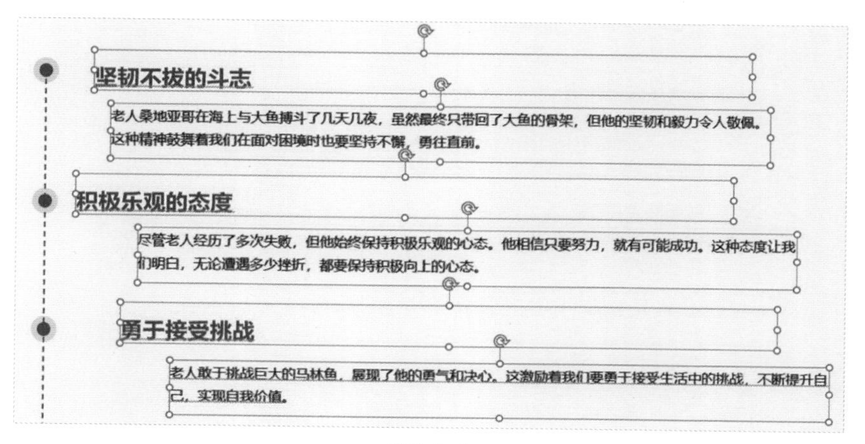

图5.4-1

第二步 选择对齐方式

在菜单栏的“开始”选项卡里单击“排列”按钮，然后在“对齐”选项中单击“左对齐”按钮，如图 5.4-2 所示。

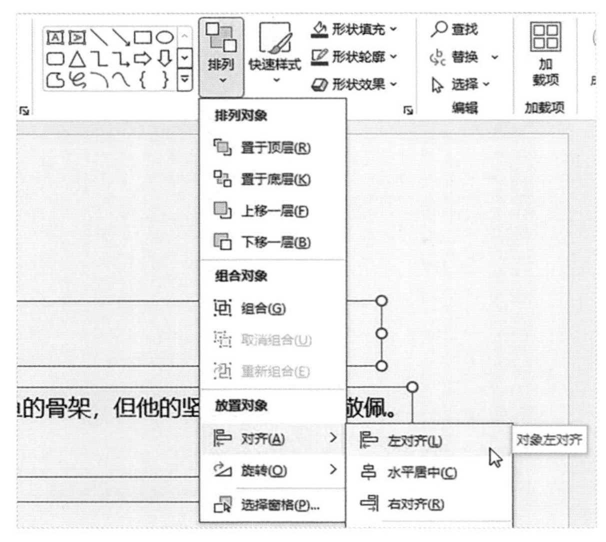

图5.4-2

第三步 查看效果

选择左对齐之后，可以看到之前被选中的文本框已经一键对齐，如图 5.4-3 所示。

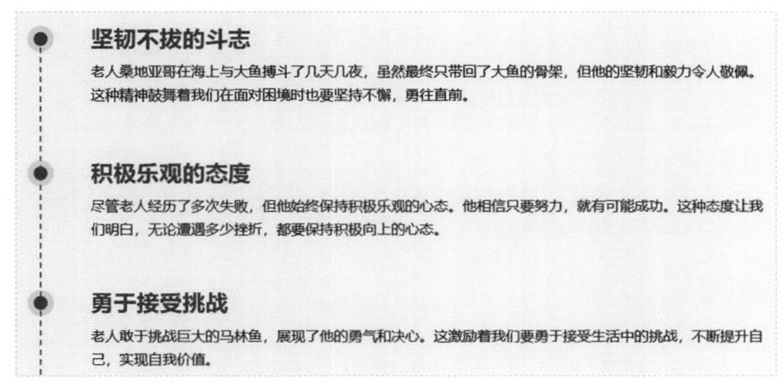

图5.4-3

Tips

用户可以根据需求来选择不同的对齐方式，如果想要文本框在垂直方向上也对齐，可以选择“顶端对齐”“垂直居中”或者“底端对齐”等方式。

5.5 快速提取图片文字

应用工具 OfficePLUS

在制作 PPT 时，如果需要提取图片中的文字，可以借助 PowerPoint 中的 OfficePLUS 插件来完成，这项功能可以避免重新打字的烦琐。待文字提取出来后，还可以直接在 PowerPoint 中调整其样式、大小、颜色等，极大地提高了工作效率。

思维导图

操作步骤

上传图片后，OfficePLUS 插件中的“图片转文字”功能可以快速提取出图片中的文字。

第一步 开始图片转文字

打开 PPT 文档，在菜单栏中单击 OfficePLUS 选项卡，然后单击“图片转文字”按钮，如图 5.5-1 所示。

图5.5-1

第二步 上传图片

在弹出的页面中单击“选择文件”按钮，上传需要提取文字的图片，如图 5.5-2 所示。

图5.5-2

第三步 查看与使用

上传完成后，OfficePLUS 便能快速提取图片中的文字信息，用户可以在页面右侧的面板中进行查看。单击“复制”按钮可以对该段文字进行复制，单击“插入”按钮可以在 PPT 中插入该段文字并进行编辑，如图 5.5-3 所示。

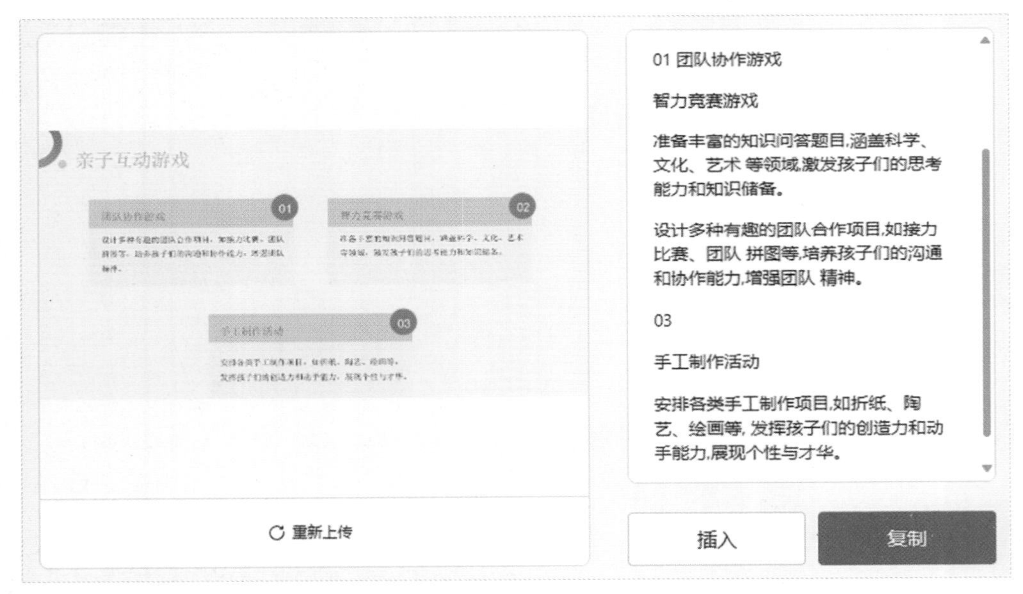

图5.5-3

5.6 快速修复图片清晰度

应用工具 **OfficePLUS**

在 PPT 中插入图片时，如果觉得图片清晰度不够，除了更换图片这个方式，也可以借助 OfficePLUS 插件中的图片美化功能来修复图片清晰度，以提高 PPT 的整体视觉质量。

思维导图

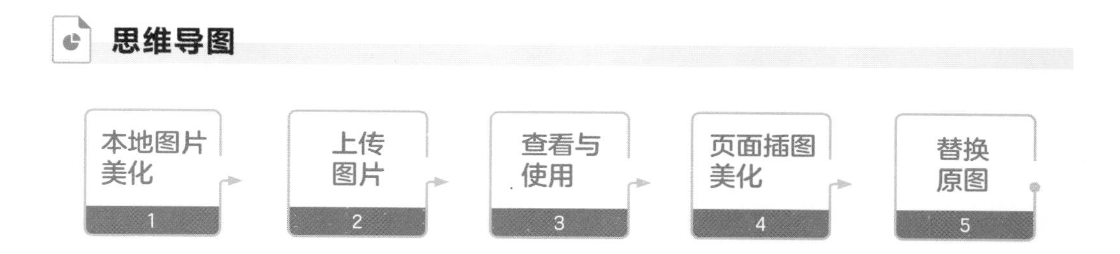

操作步骤

选择 PPT 中需要修复的图片或者上传图片，OfficePLUS 插件中的“图片美化”功能即可快速提升图片清晰度。

第一步 本地图片美化

打开 PPT 文档，在菜单栏中单击 OfficePLUS 选项卡，然后单击“图片美化”按钮，如图 5.6-1 所示。

图5.6-1

第二步 上传图片

在弹出的页面中单击“选择文件”按钮，上传需要美化的图片，如图 5.6-2 所示。

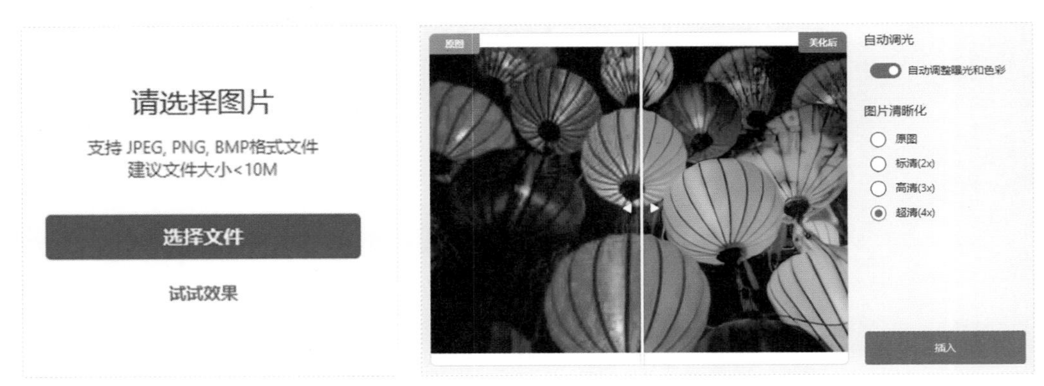

图5.6-2　　　　图5.6-3

第三步 查看与使用

上传完成后，OfficePLUS 便会开始对图片进行美化处理，处理完成后，用户可以在页面中查看原图与美化后的图片。单击“插入”按钮，可以将美化后的图片插入到 PPT 中，如图 5.6-3 所示。

> **Tips**
>
> 用户可以根据需求来选择图片美化后的清晰程度（标清、高清和超清），同时也可以自主选择是否要打开“自动调光”功能。

第四步 页面插图美化

对于已经插入到 PPT 页面中的图片，同样可以使用该功能来进行美化。单击选中 PPT 中的图片，如图 5.6-4 所示。然后单击“图片美化”按钮，即可立即开始美化，如图 5.6-5 所示。

图5.6-4　　　　图5.6-5

第五步 替换原图

美化完成后，单击“替换原图”按钮，即可用修复过后的图片替换原图，如图 5.6-6 所示。

图5.6-6

> **Tips**
>
> 除了 OfficePLUS，WPS 中的图片工具也带有“一键清晰”等图片修复与美化功能，用户可以根据自己的需求选择不同的工具来使用。

5.7 一键消除图片元素

应用工具 OfficePLUS

OfficePLUS 插件中的图片橡皮擦工具可以从图片中移除不需要的元素或瑕疵，比如水印、日期戳、多余的人物或物体，使图片内容更加聚焦和干净。这个功能可以快速改进 PPT 中图片的构图，突出主题，使视觉传达更为有效，也有助于制作出更专业和美观的演示文稿。

思维导图

操作步骤

选择 PPT 中需要修复的图片或者上传图片，OfficePLUS 插件中的“图片美化”功能即可快速提升图片清晰度。

第一步 选择图片

打开 PPT 文档，单击选中一张页面中的图片，如图 5.7-1 所示。

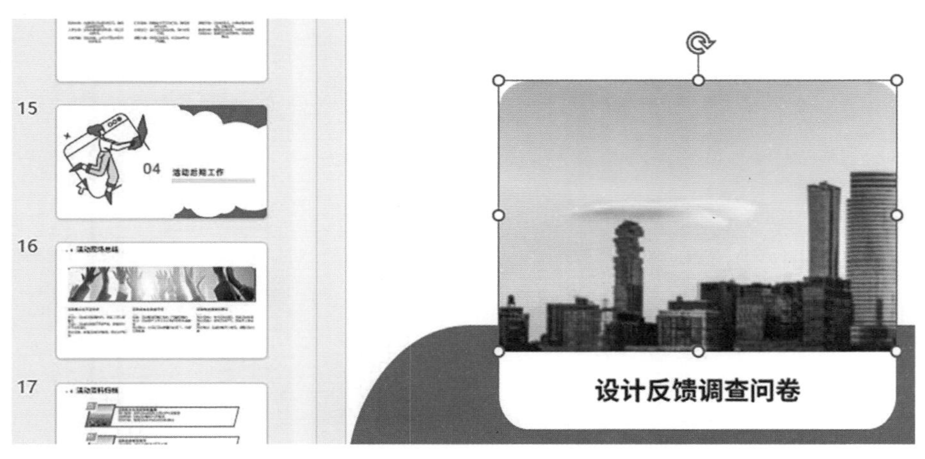

图5.7-1

第二步 选择图片橡皮擦

在菜单栏中单击 OfficePLUS 选项卡，然后单击“图片橡皮擦”按钮，如图 5.7-2 所示。

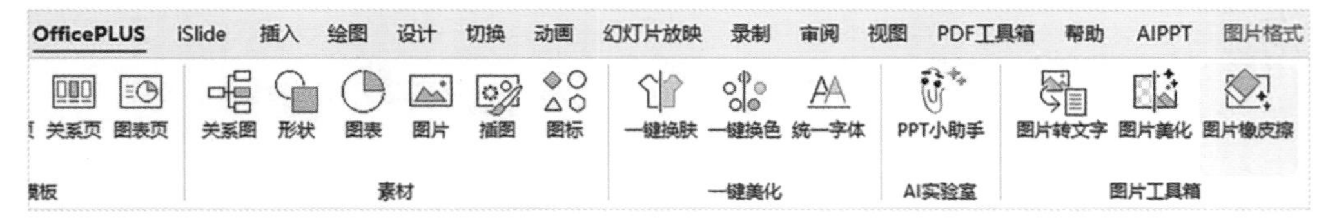

图5.7-2

第三步 选择工具

在弹出的页面中，根据需求选择涂抹工具，如图 5.7-3 所示。

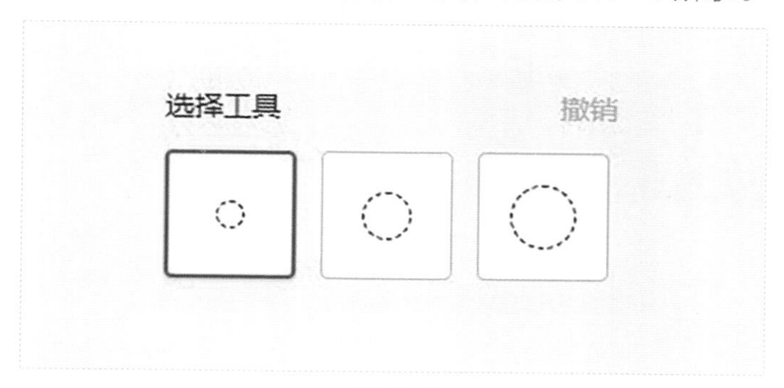

图5.7-3

用户可以根据图片中需要消除的元素大小来选择相应的涂抹工具。

第四步 涂抹与消除

使用涂抹工具对图片中需要消除的区域进行涂抹，涂抹完成后，该区域的元素便会被消除，如图 5.7-4 所示。

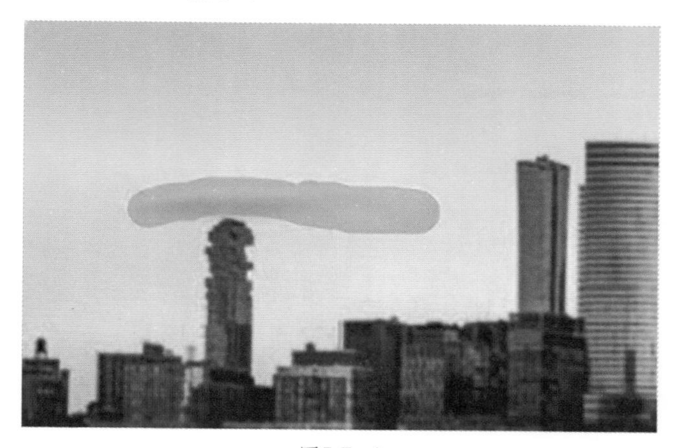

图5.7-4

第五步 替换原图

对所有需要消除的元素进行处理后，可以在页面内查看处理后的图片效果，单击“替换原图”按钮，即可用处理过后的图片替换原图，如图 5.7-5 所示。

图5.7-5

Tips

1. 单击“查看原图”按钮，可以查看原图来对比消除的效果。
2. 图片橡皮擦功能也支持对本地上传的图片进行处理。

5.8 一键实现文本排版

应用工具 PowerPoint

PowerPoint 中的 SmartArt 功能可以帮助用户实现自动化排版，并快速创建各种视觉效果，以便更清晰地表达想法和信息，使用该功能来自动组织和排版文本内容可以让 PPT 的布局调整变得更加轻松和多样。

思维导图

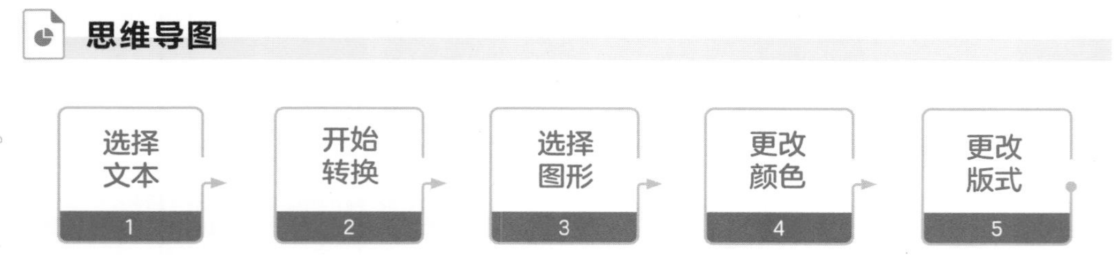

操作步骤

选中想要排版的文本后，使用 SmartArt 功能便可以从提供的多种模板中选择一个合适的类型，按照提示操作即可填充文本并看到即时的排版效果。

第一步 选择文本

打开 PPT 文档，单击选中需要进行排版的文本，如图 5.8-1 所示。

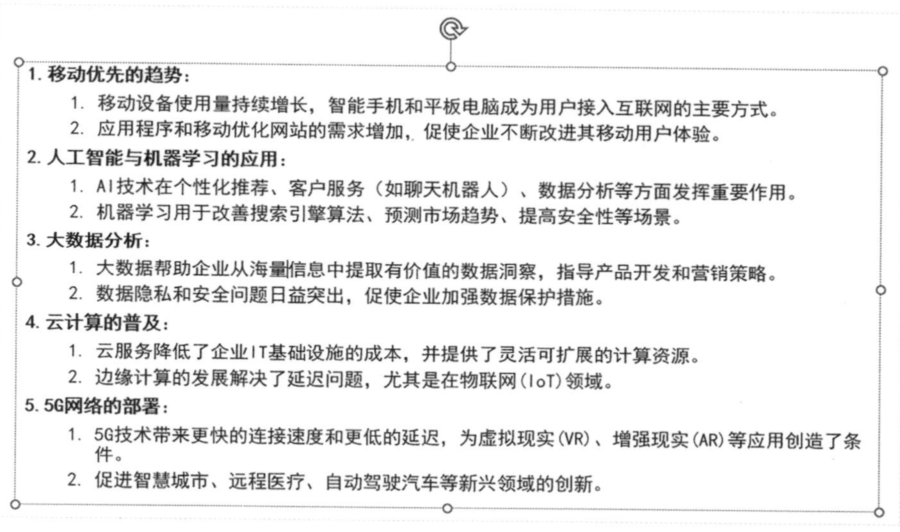

图5.8-1

第二步 开始转换

在菜单栏中单击“转换为 SmartArt”按钮，如图 5.8-2 所示。

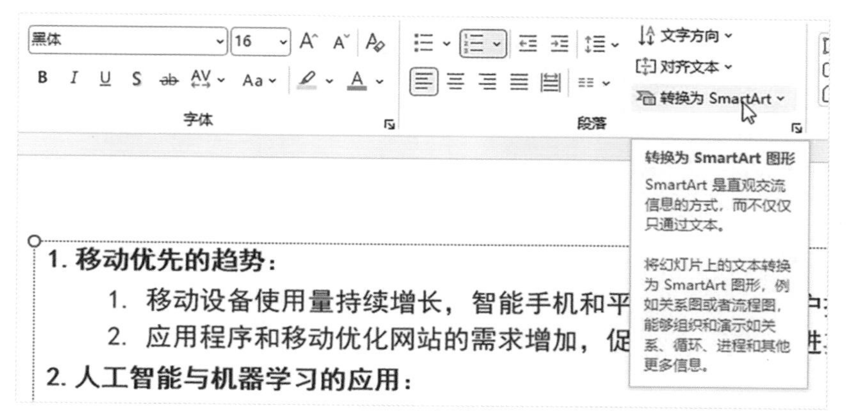

图5.8-2

第三步 选择图形

单击选择符合需求的图形，即可完成排版，如图 5.8-3 所示。

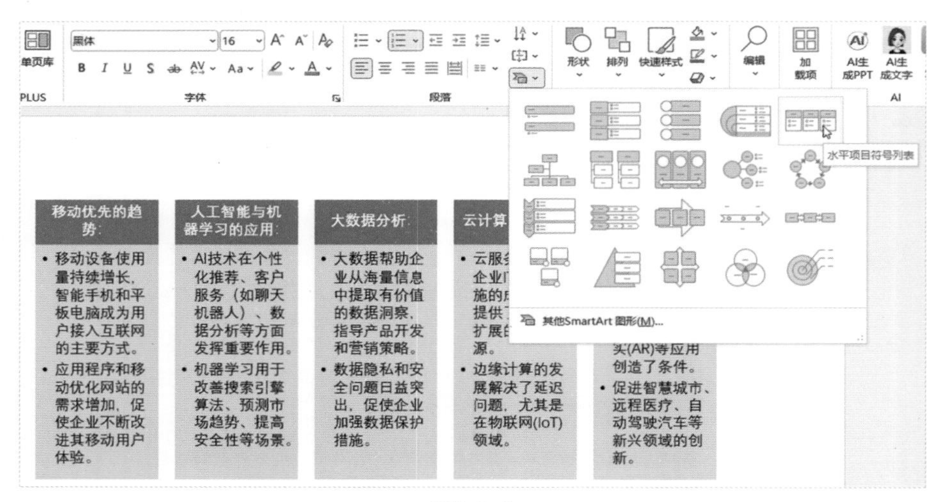

图5.8-3

Tips

将鼠标移至不同的 SmartArt 图形上，可以在页面中预览使用该图形后的排版样式。

第四步 更改颜色

排版完成后，单击“更改颜色”的按钮，可以调整版式的颜色，如图 5.8-4 所示。

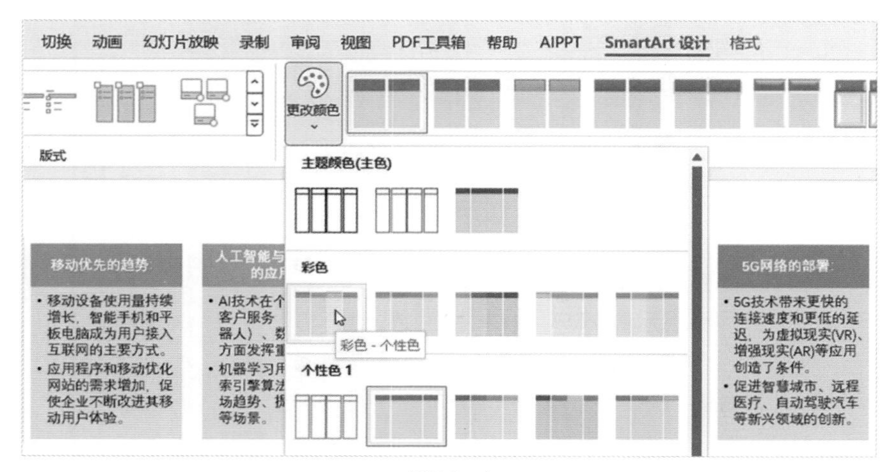

图5.8-4

第五步 更改版式

如果后续还想要对版式进行更改，可以在版式或者 SmartArt 样式的选项框里选择其他图形来更换，如图 5.8-5 所示。

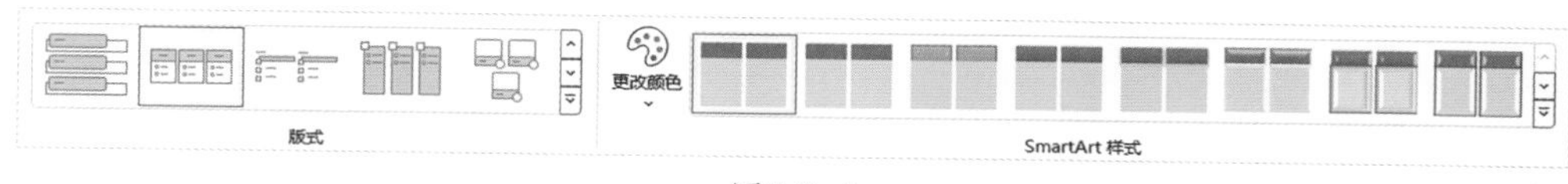

图5.8-5

5.9 一键实现图片排版

应用工具 PowerPoint

除了为文本内容排版，SmartArt 功能也可以实现多张图片的快速排版，它能将选中的图片转换为 SmartArt 图形，然后轻松地排列、添加标题和调整图片的大小。

思维导图

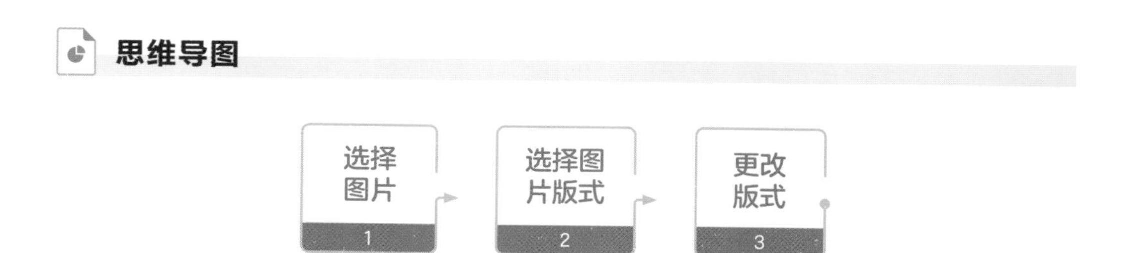

操作步骤

选中想要排版的多张图片，然后选择合适的图片版式选项，便可以自动将多张图片按特定方式进行排列。

第一步 选择图片

在 PPT 文档中插入多张图片，然后按 Ctrl+A 快捷键进行全选，如图 5.9-1 所示。

图5.9-1

第二步 选择图片版式

在菜单栏中单击“图片格式”选项卡，然后单击“图片版式”按钮，如图5.9-2所示。

图5.9-2

单击选择符合需求的图片版式，即可快速完成排版，如图 5.9-3 所示。

图5.9-3

第三步 更改版式

排版完成后，如有需要，可以在版式选项框里选择其他版式来更换，如图5.9-4所示。

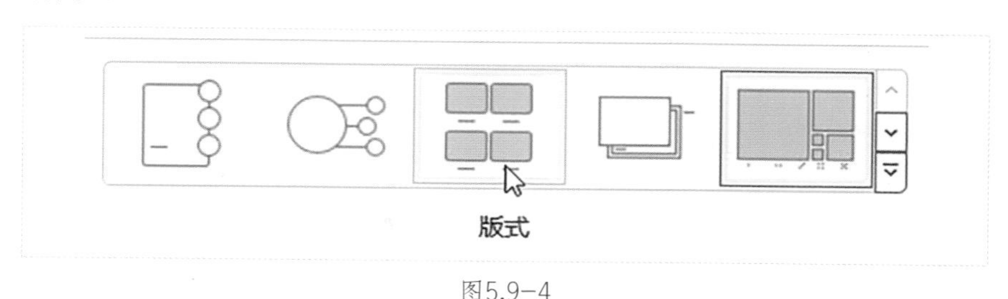

图5.9-4

5.10 一键替换字体

应用工具 PowerPoint

一键替换字体是PowerPoint中一项非常实用的功能，它可以帮助用户快速更改整个演示文稿中的字体样式。用户无须手动逐个修改每一页上的文本，就可以完成整个文档字体的更换工作。

思维导图

操作步骤

选中想要替换字体的文本，使用字体替换功能便能将幻灯片中出现的所有该类型字体全部替换成新的字体。

第一步 选择文本

在 PPT 文档中单击选中一个文本，如图 5.10-1 所示。

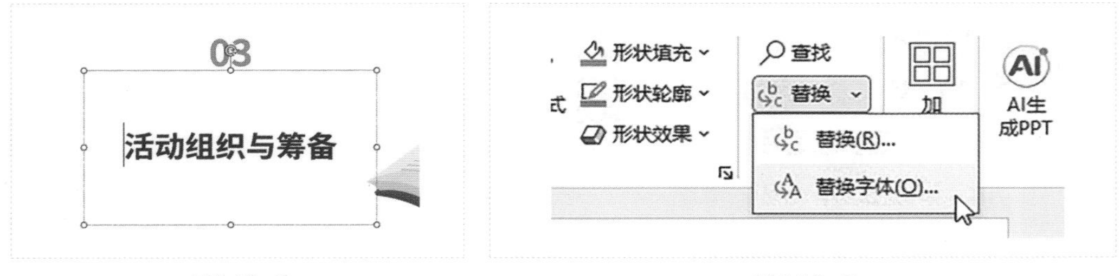

图5.10-1　　图5.10-2

第二步 开始替换

在菜单栏中的“开始”选项卡中单击“替换”按钮，然后单击“替换字体”按钮，如图 5.10-2 所示。

第三步 完成替换

在弹出的页面中，可以看到需要替换的字体类型已经显示为之前所选中文本的字体类型，此时只需要在“替换为”下拉选项框中单击选择想要替换的字体（案例中选择为“黑体”），然后单击“替换”按钮，即可完成替换，如图 5.10-3 所示。

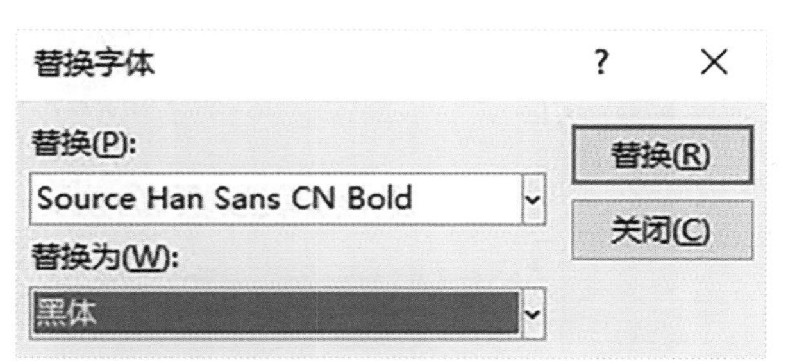

图5.10-3

Tips

在没有选中任何文本的情况下，也可以直接单击“替换字体”按钮，然后在“替换”下拉选项框中去选择需要被替换的字体类型。

5.11 一键快速翻译

应用工具 PowerPoint

在需要对PPT的文本进行翻译时，PowerPoint自带的翻译功能可以帮助用户迅速解决翻译问题。这个功能还可以在即时翻译的情况下，让翻译的文本保持原有的格式，这意味着用户不必重新调整文本的位置或大小。

思维导图

操作步骤

打开翻译工具，选中想要翻译的文本并对源语言和目标语言进行设置，即可完成翻译。

第一步 打开翻译工具

打开PPT文档，单击菜单栏中的“审阅”选项卡，然后单击“翻译”按钮，如图5.11-1所示。

图5.11-1

第二步 完成翻译

选中想要翻译的原文本后，该文本将同步复制到右侧“翻译工具”面板里的源语言文本框中。在设置好目标语言之后，翻译结果也会立即出现在目标语言文本框中，如图 5.11-2 所示。

图5.11-2

Tips

1.PowerPoint 的翻译工具会自动对源语言进行检测，如有需要，可以单击“自动检测”选项旁的下拉箭头按钮来选择源语言。

2. 单击“目标语言”选项旁的下拉箭头按钮，可以对目标语言进行选择。

第三步 替换原文本

翻译完成后，单击“翻译工具”面板中的“插入”按钮，可以用翻译后的文本来替换原文本，如图 5.11-3 所示。

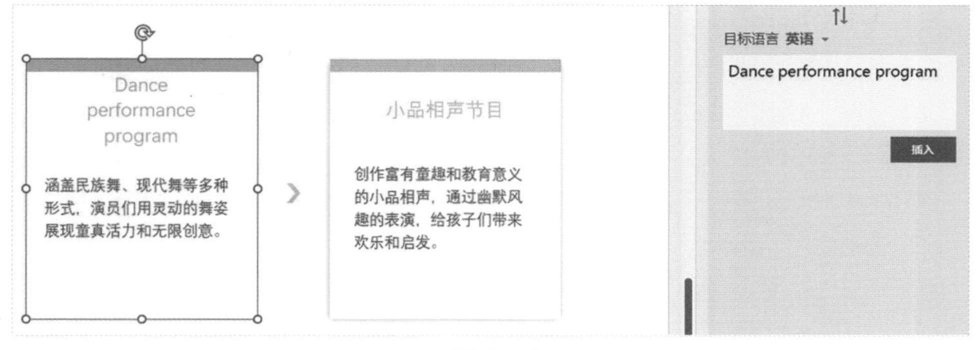

图5.11-3

Tips

为了确保翻译结果的准确性与专业性，在使用该翻译结果之前，建议结合其他翻译工具或者人工进行审阅。

5.12 批量添加 Logo

应用工具 PowerPoint

在 PPT 中，Logo 有助于确保演示文稿与公司的品牌形象保持一致。如果想要为每张幻灯片在统一的位置都放置 Logo，可以借助 PowerPoint 中的幻灯片母版视图来完成，母版幻灯片可以控制整个演示文稿的外观及其他所有内容。

思维导图

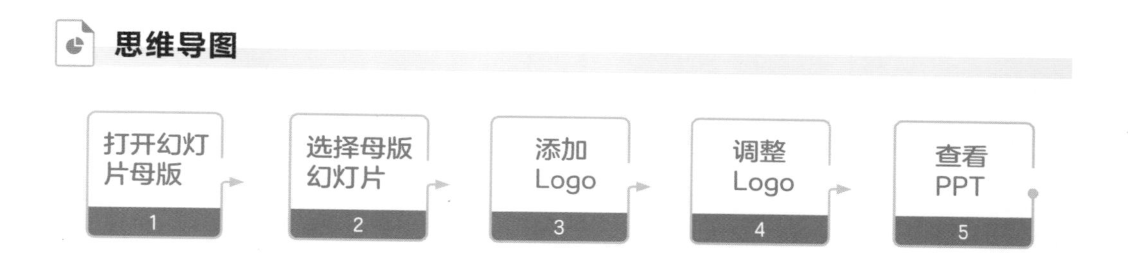

操作步骤

在母版幻灯片中添加 Logo，该 Logo 便会自动出现在所有基于该母版的幻灯片上。

第一步 打开幻灯片母版

打开 PPT 文档，单击菜单栏中的“视图”选项卡，然后单击“幻灯片母版”按钮，如图 5.12-1 所示。

图5.12-1

第二步 选择母版幻灯片

在幻灯片母版中，选择第一张幻灯片，该幻灯片即为整个 PPT 文档的母版幻灯片，如图 5.12-2 所示。

图5.12-2

Tips

在缩略窗口中可以看到，母版幻灯片一般排在第一张的位置，同时也是所有幻灯片中最大的那一张。

第三步 添加 Logo

单击“插入”选项卡中的“图片”按钮，在母版幻灯片中插入准备好的 Logo 图片，如图 5.12-3 所示。

图5.12-3

第四步 调整 Logo

添加完成后，可以在母版幻灯片调整 Logo 的大小与位置，调整完毕后，单击菜单里的“关闭母版视图”按钮即可，如图 5.12-4 所示。

图5.12-4

第五步 查看 PPT

关闭母版视图后，可以看到 Logo 已经被批量添加到每一页 PPT 的相同位置，如图 5.12-5 所示。

图5.12-5

5.13 合并多个幻灯片

应用工具 PowerPoint

PowerPoint可以将多个不同的演示文稿的内容整合到一个新的或现有的演示文稿中，这样既可以节省时间，也可以实现资源的整合。

思维导图

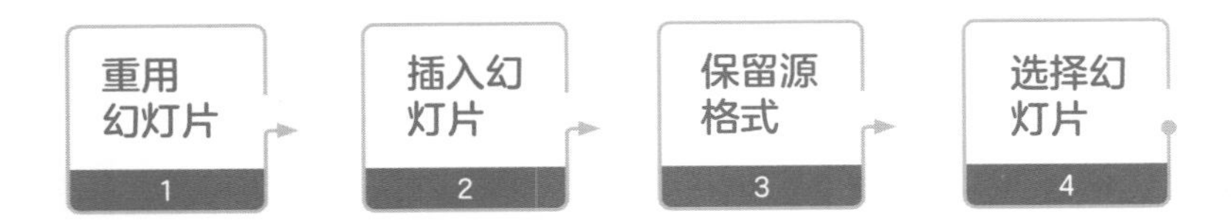

操作步骤

使用重用幻灯片功能，可以快速将不同的幻灯片合并到同一个演示文稿中。

第一步 重用幻灯片

打开PPT文档，单击“开始”选项卡中的“新建幻灯片”按钮，然后单击“重用幻灯片”按钮，如图5.13-1所示。

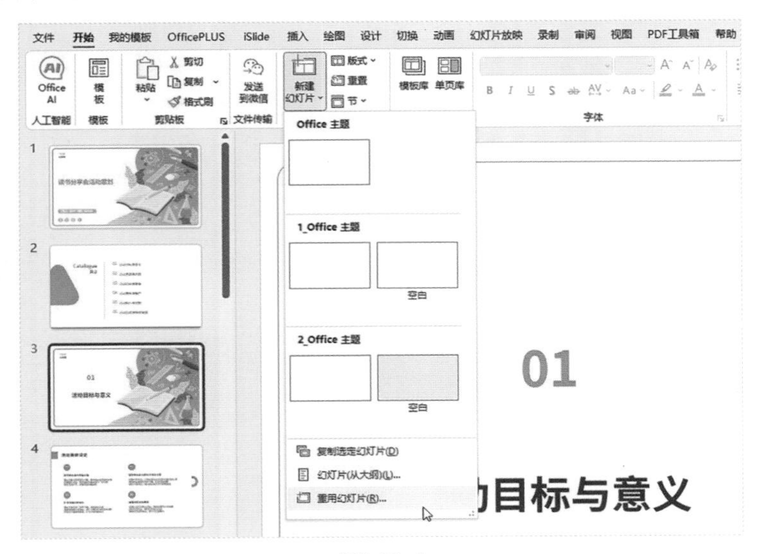

图5.13-1

第二步 插入幻灯片

在页面右侧的“重用幻灯片”面板中单击“浏览”按钮，选择需要添加的PPT文档，如图5.13-2所示。

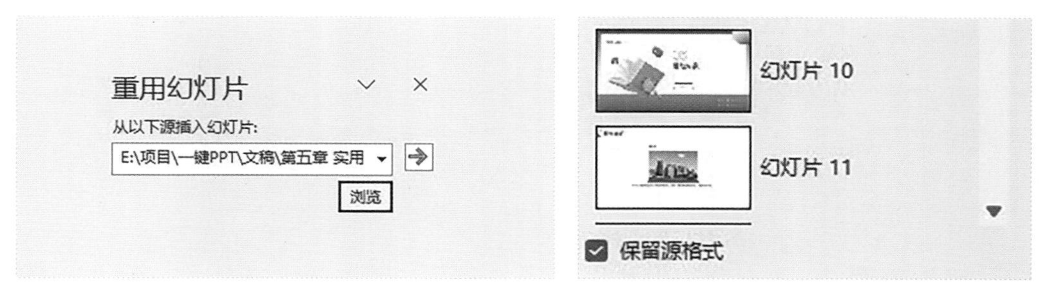

图5.13-2　　图5.13-3

第三步 保留源格式

如果需要保留PPT文档的格式不变，单击面板底部的“保留源格式”按钮即可，如图5.13-3所示。

第四步 选择幻灯片

单击想要选择的幻灯片，即可将该幻灯片插入到当前的PPT文档中。如果需要插入整个幻灯片，可以右击面板中的任意一张幻灯片，然后单击“插入所有幻灯片”按钮即可，如图5.13-4所示。

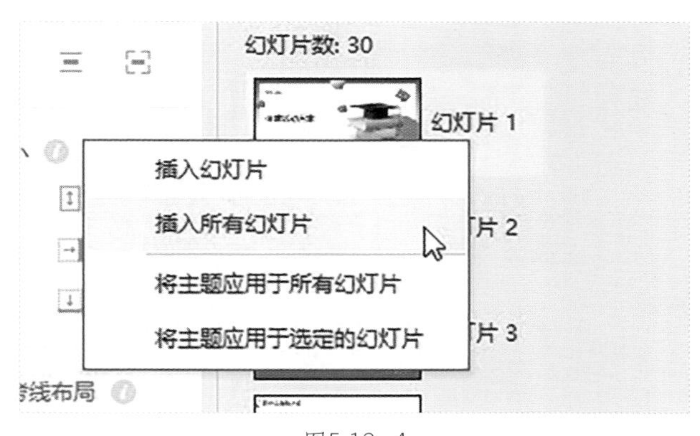

图5.13-4

5.14 循环播放幻灯片

应用工具 PowerPoint

在展览、会议等场合使用 PPT 时，通常需要将幻灯片进行循环播放。当循环播放设置得当时，幻灯片的播放过程可以实现无缝连接，使得整个演示看起来更加流畅。

思维导图

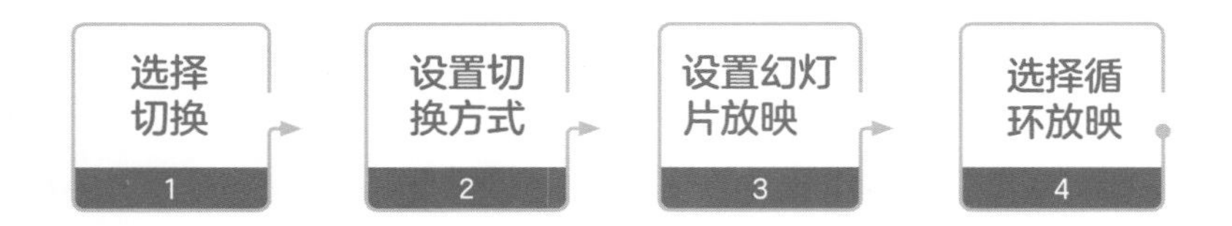

操作步骤

对 PPT 文档的切换方式和放映方式进行设置，即可实现循环播放。

第一步 选择切换

打开 PPT 文档，在菜单栏中单击“切换”选项卡，如图 5.14-1 所示。

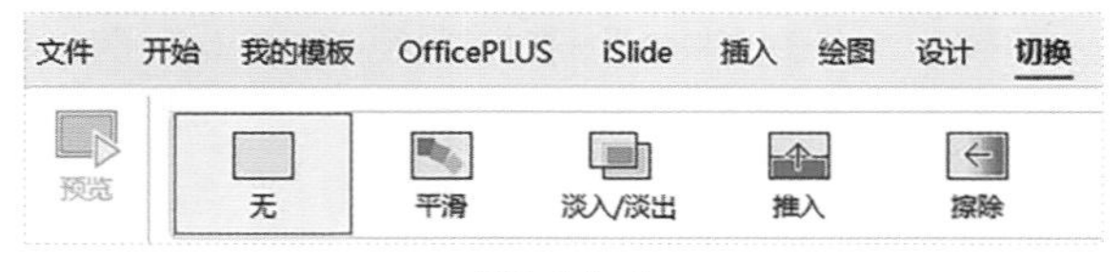

图5.14-1

第二步 设置切换方式

在“切换”选项卡中对幻灯片切换时的持续时间、换片方式等进行设置，设置完成后，单击“应用到全部”按钮，如图 5.14-2 所示。

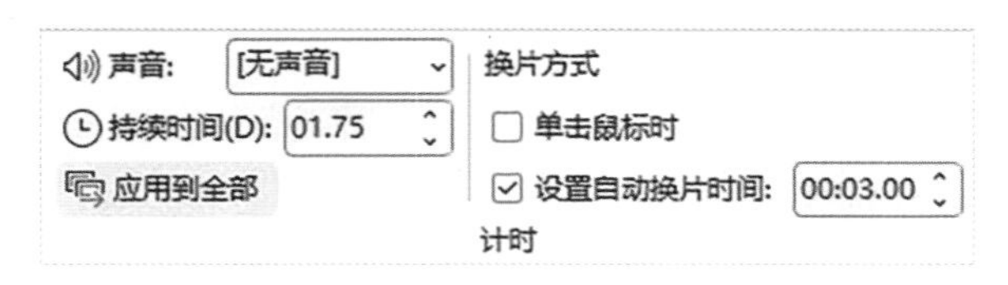

图5.14-2

第三步 设置幻灯片放映

在菜单栏中单击“幻灯片放映”选项卡，然后单击“设置幻灯片放映”按钮，如图 5.14-3 所示。

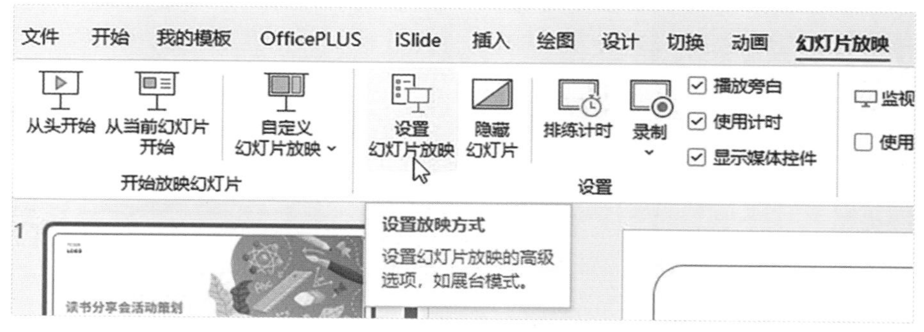

图5.14-3

第四步 选择循环放映

在放映选项中勾选“循环放映，按 ESC 键中止（L）”选项，然后单击“确定”按钮即可，如图 5.14-4 所示。

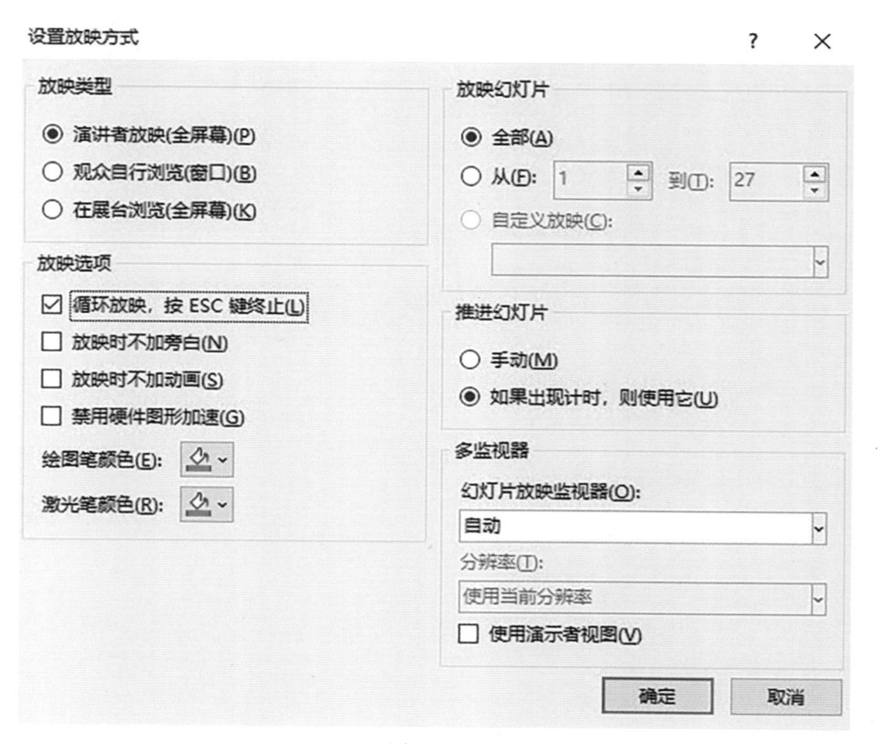

图5.14-4

Tips

1. 在设置放映方式时，可以根据需求来选择是否需要在放映时添加动画或者旁白。

2. 在播放幻灯片时，如果想要在不删除某张幻灯片的情况下隐藏该幻灯片，可以右击该幻灯片，然后单击“隐藏幻灯片”按钮，如图 5.14-5 所示。

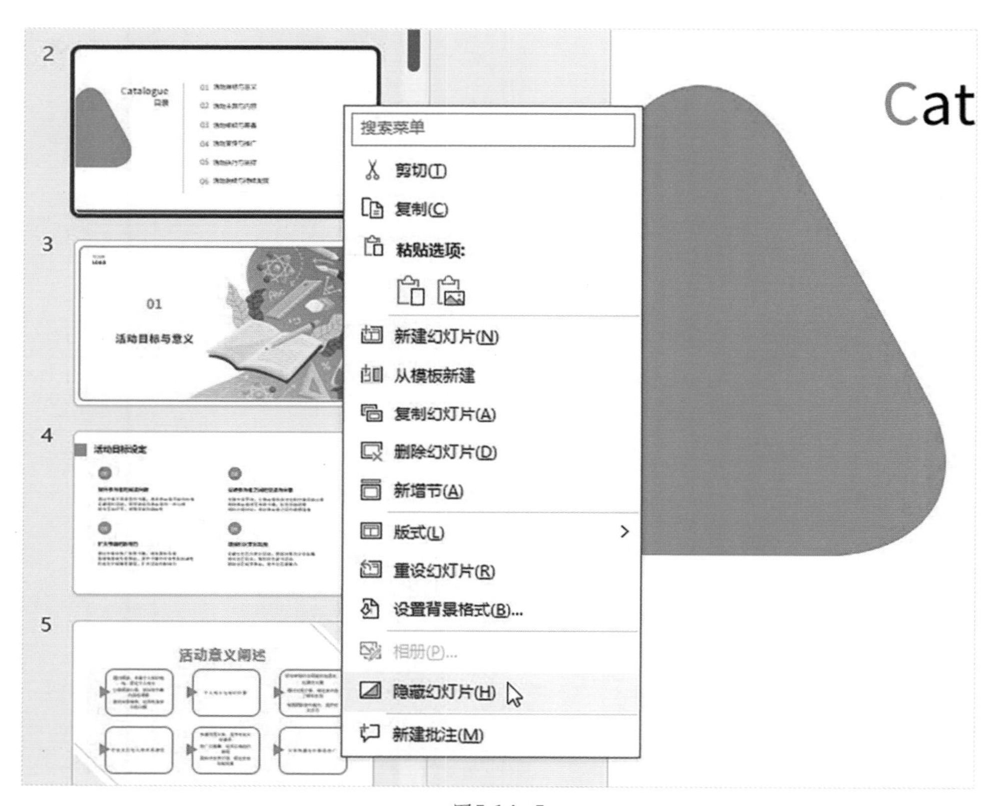

图5.14-5

5.15 立体空间感排版

应用工具 PowerPoint

在演示文稿中使用立体空间感排版可以带来多种视觉和沟通上的好处。这种设计方法通常会利用透视、阴影、深度等元素来创造三维的效果，使幻灯片的内容看起来更加生动和吸引人。

成果展示

思维导图

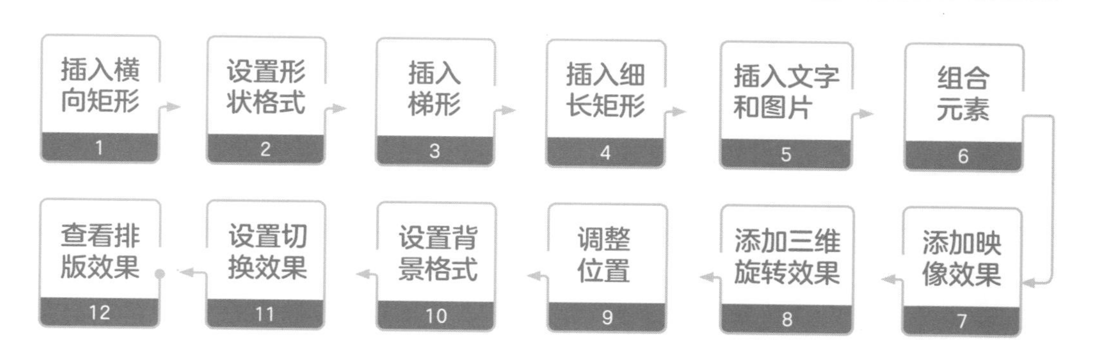

操作步骤

在 PowerPoint 中创建形状并插入文字与图片，然后结合渐变填充、映射、三维、平滑过渡等效果即可实现立体空间感排版。

第一步 插入横向矩形

新建 PPT 文档，在“插入”选项卡中单击“形状”按钮，然后单击“矩形”按钮，如图 5.15-1 所示。

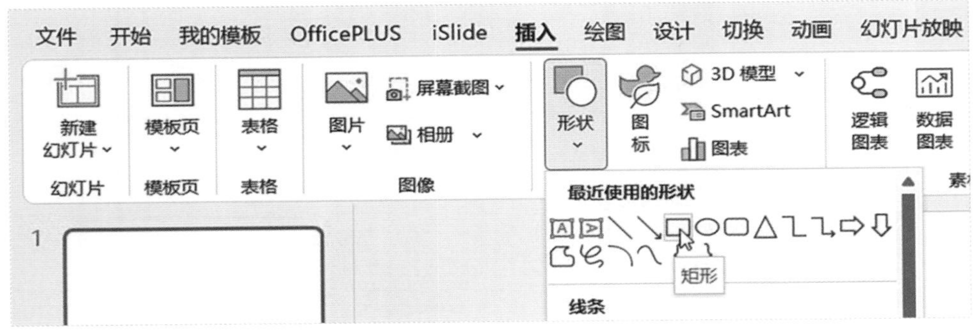

图5.15-1

在页面中，按住鼠标左键并进行拖动，插入一个矩形，如图 5.15-2 所示。

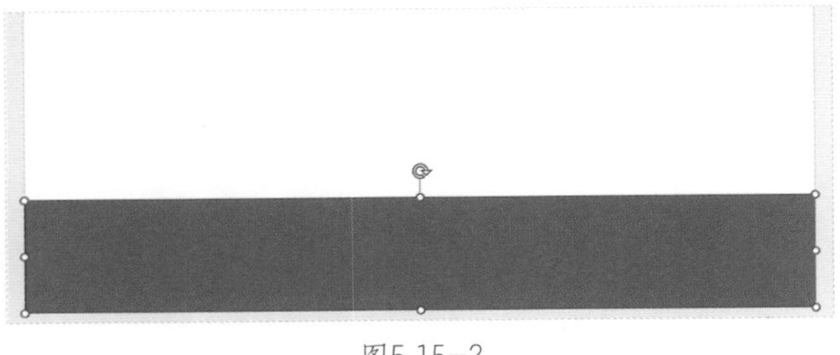

图5.15-2

第二步 设置形状格式

右击该矩形，单击“设置形状格式”按钮，如图 5.15-3 所示。

图5.15-3

在“填充”选项中单击“纯色填充”按钮，然后在“线条”选项中单击“无线条”按钮，如图 5.15-4、图 5.15-5 所示。

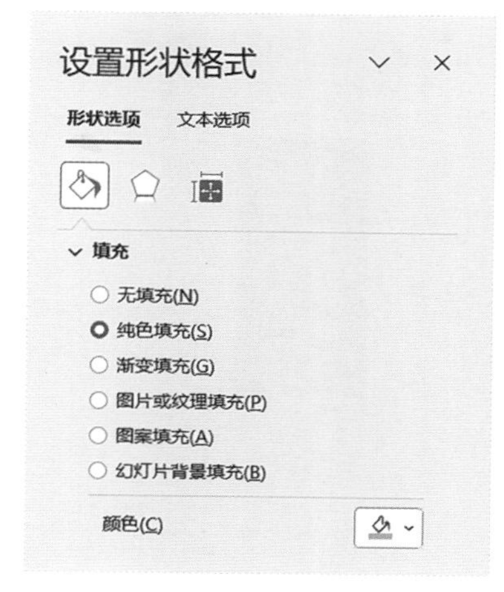

图5.15-4

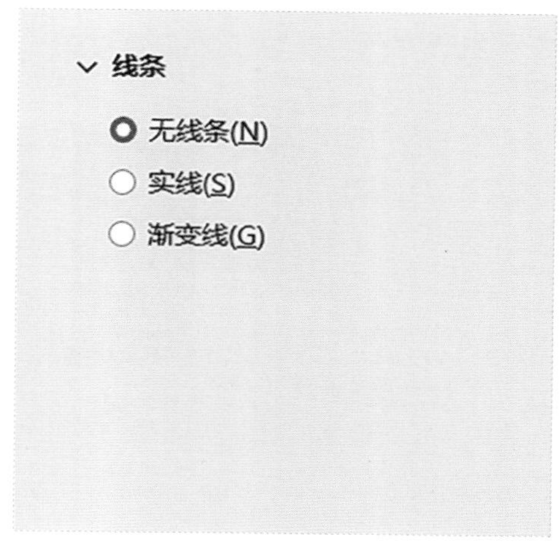

图5.15-5

第三步 插入梯形

按上述步骤在页面中插入一个梯形，调整大小，形状格式设置为渐变填充与无线条，颜色与矩形颜色一致，如图 5.15-6 所示。

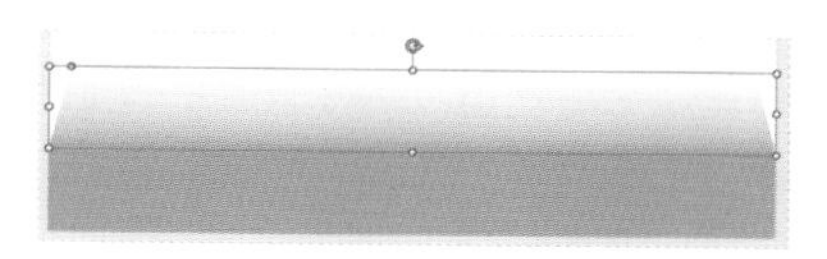

图5.15-6

Tips

为了呈现与案例相同的渐变效果，可以参考案例中渐变光圈的参数设置，如图 5.15-7、图 5.15-8 所示。

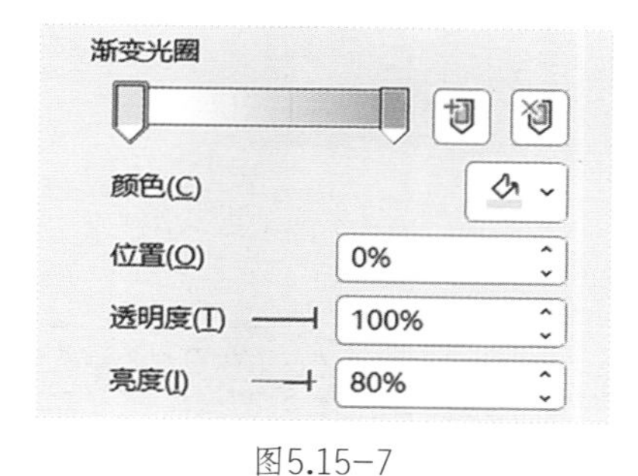

图5.15-7

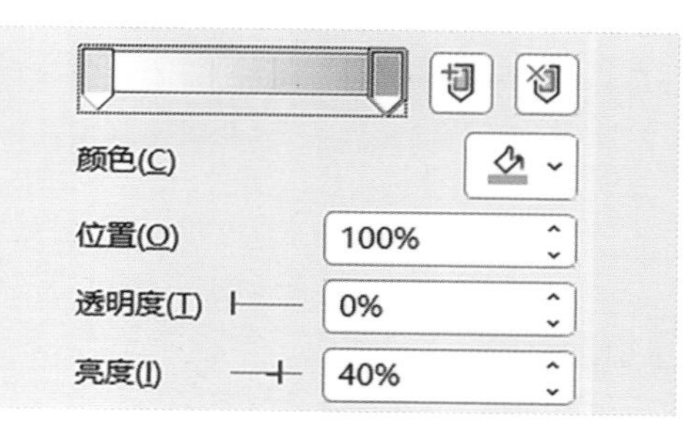

图5.15-8

第四步 插入细长矩形

在页面中插入一个细长的矩形，然后等距离复制三个，形状格式设置为无线条，为这些矩形填充不同的颜色，如图 5.15-9 所示。

图5.15-9

第五步 插入文字和图片

在“插入”选项卡中单击“图片”按钮，在每个矩形中插入一张图片，并在每张图片下方插入一段文字，如图 5.15-10、图 5.15-11 所示。

图5.15-10

图5.15-11

第六步 组合元素

按住 Ctrl 键，单击选中第一个矩形以及其中的文字和图片，右击该矩形，单击“组合”按钮将这些元素进行组合，如图 5.15-12 所示，按此步骤将其余三组矩形、文字和图片也分别进行组合。

图5.15-12

第七步 添加映像效果

按住 Ctrl 键，单击选中所有矩形，如图 5.15-13 所示。

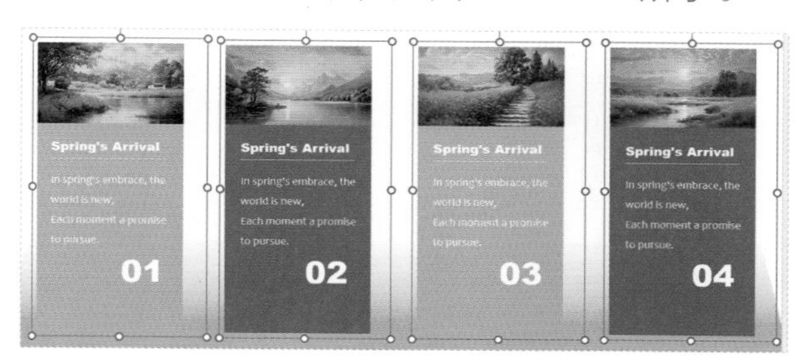

图5.15-13

在“图片格式”选项卡中单击“图片效果”按钮，然后单击“映像”按钮，在“映像变体”选项中单击“半映像：接触”按钮，如图 5.15-14 所示。

图5.15-14

Tips

用户也可以通过按住鼠标左键拖动的方式来选中所有矩形。

第八步 添加三维旋转效果

选中第一个和第三个矩形，在“图片格式”选项卡中单击“图片效果”按钮，然后单击“三维旋转”按钮，在“角度”选项中单击“透视：右”按钮，如图 5.15-15 所示，随后，按同样的步骤为第二个和第四个矩形添加“透视：左”效果。

图5.15-15

第九步 调整位置

复制该页幻灯片，在复制的幻灯片中，单击选中每张矩形图片并通过拖动的方式分别将其上移，然后将幻灯片底部的矩形和梯形下移，如图 5.15-16 所示。

图5.15-16

第十步 设置背景格式

右击该页幻灯片，单击“设置背景格式”按钮，如图 5.15-17。为幻灯片填充一个背景颜色，然后添加文字与标题，如图 5.15-18 所示。

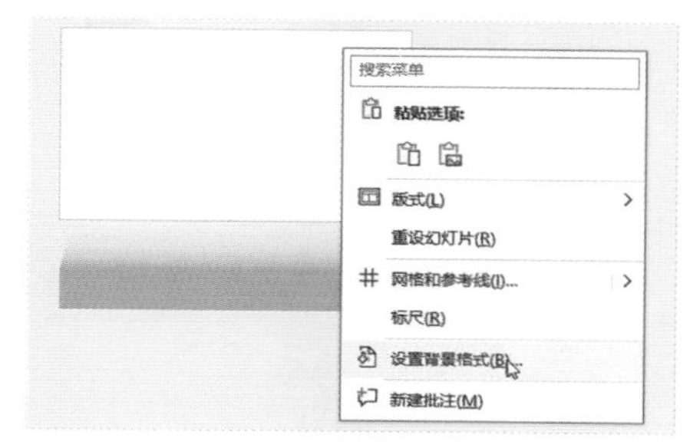

图5.15-17

图5.15-18

第十一步 设置切换效果

将第二页幻灯片移动到第一页的位置，在“切换”选项卡中单击“平滑”按钮，然后单击“应用到全部”按钮，即可完成排版，如图 5.15-19 所示。

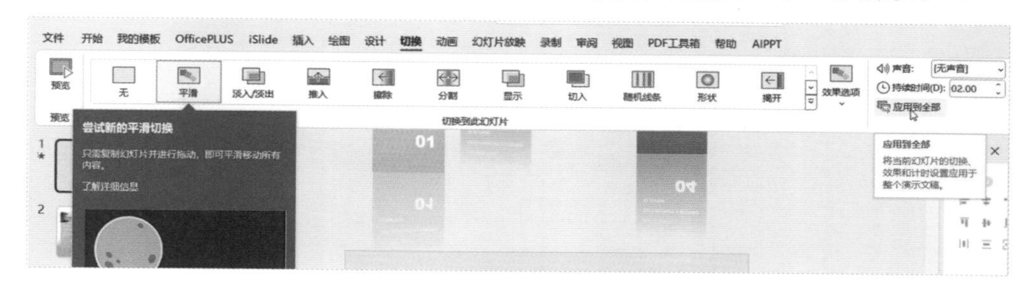

图5.15-19

第十二步 查看排版效果

制作完成后，进行幻灯片放映即可查看动态排版效果。

5.16　图片轮播排版

应用工具　PowerPoint

在 PPT 中使用图片轮播可以将多个相关图像整合在一起展示，使演示文稿更加动态和吸引人，这种效果适合用于展示产品图集、客户案例研究、项目里程碑或其他需要视觉展示的内容。

成果展示

思维导图

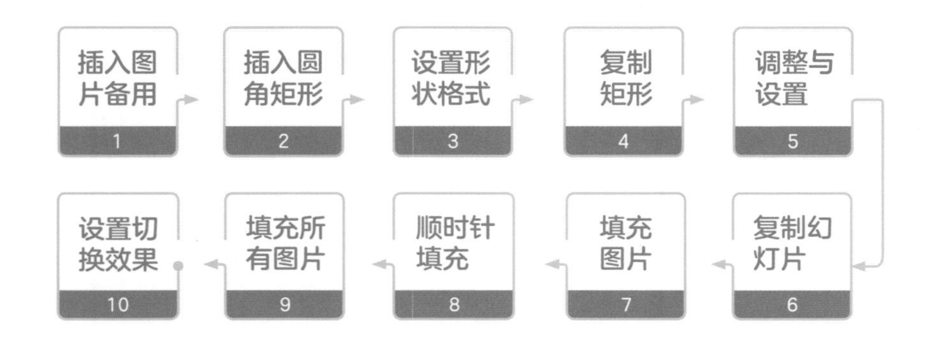

操作步骤

在创建的不同矩形中按顺序添加不同的图片，再利用平滑过渡效果即可实现图片轮播。

第一步 插入图片备用

新建 PPT 文档，插入所需要的图片进行备用（用于后面粘贴），如图 5.16-1 所示。

图5.16-1

第二步 插入圆角矩形

新建一页幻灯片，插入一个圆角矩形，调整其位置和大小，如图 5.16-2 所示。

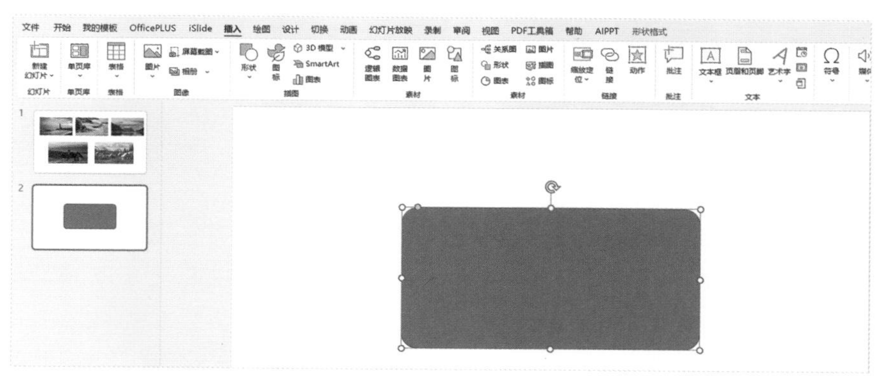

图5.16-2

第三步 设置形状格式

右击该矩形，单击“设置形状格式”按钮，如图 5.16-3 所示。在“映像”

选项中调整映像的参数值，透明度调整为 25%，大小调整为 15%，模糊调整为 20 磅，距离调整为 5 磅，如图 5.16-4 所示。

图5.16-3 图5.16-4

第四步 复制矩形

复制该矩形，将复制过后的矩形大小调整得比原矩形小一些，放在一侧，然后再复制一个同样大小的矩形放在另一侧，如图 5.16-5 所示。

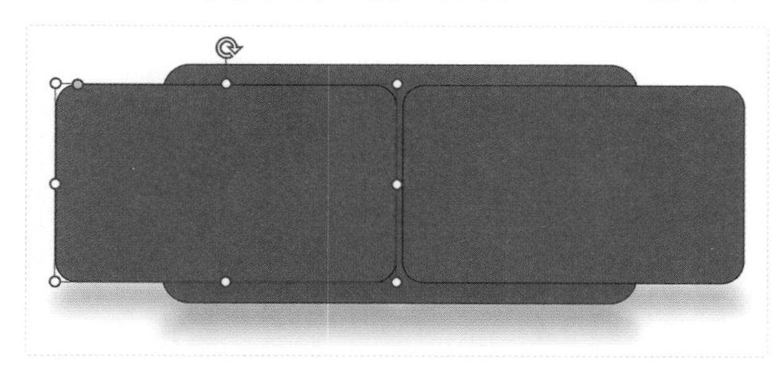

图5.16-5

按上述步骤复制两个更小的矩形，分别放在两侧，如图 5.16-6 所示。

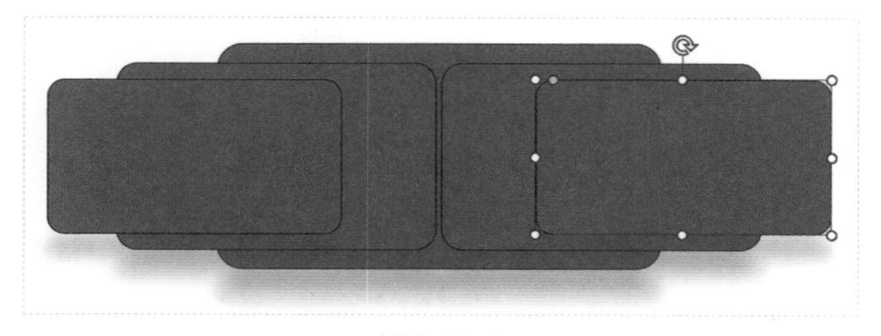

图5.16-6

第五步 调整与设置

选中两个中等大小的矩形，右击该矩形，然后单击“置于底层”按钮，如图 5.16-7 所示，以同样的方式将两个最小的矩形也置于底层。

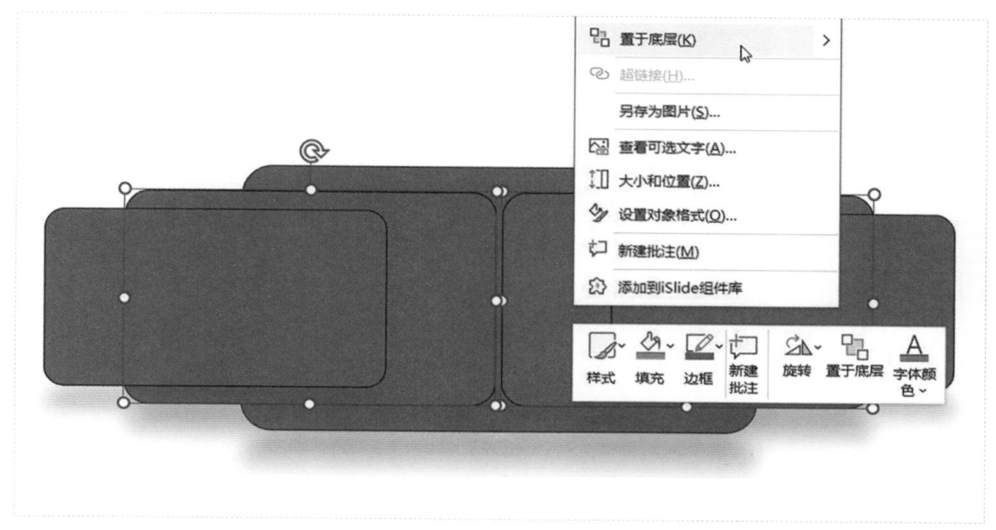

图5.16-7

调整完位置后，选中页面内的全部矩形，将其形状格式设置为无线条，如图 5.16-8 所示。

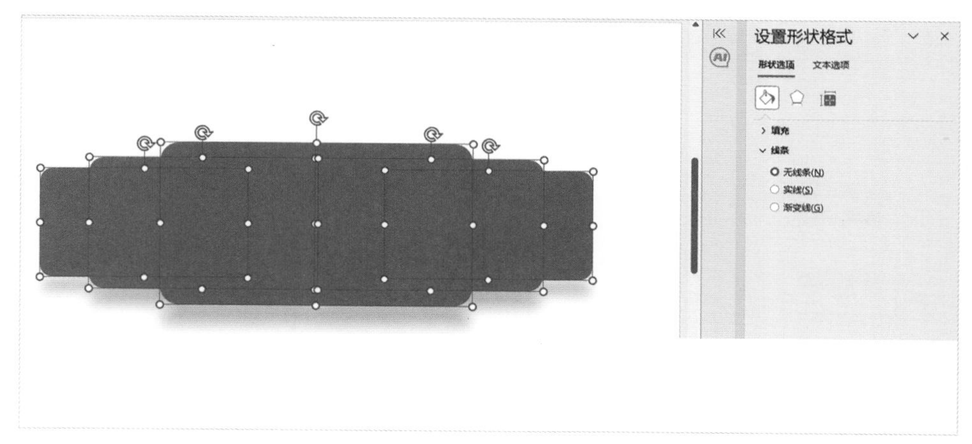

图5.16-8

第六步 复制幻灯片

设置完成后，将这一页幻灯片复制 4 页，如图 5.16-9 所示。

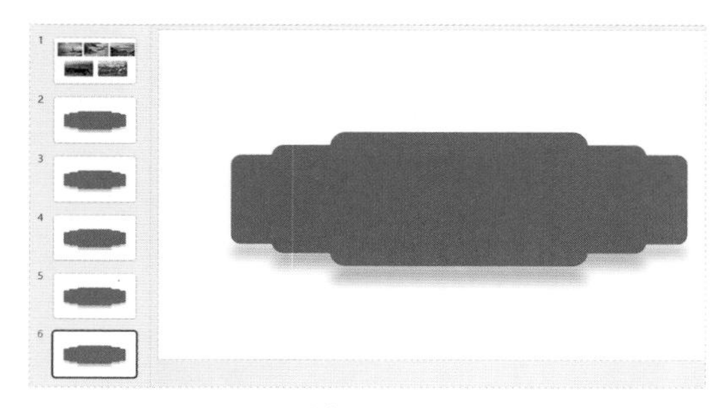

图5.16-9

第七步 填充图片

在备用图片页面中选中第一张图片，右击该图片然后单击“复制”按钮，如图 5.16-10 所示。

图5.16-10

选中第 2 张幻灯片中的最大的矩形，右击该矩形，单击“设置形状格式”按钮，如图 5.16-11 所示。

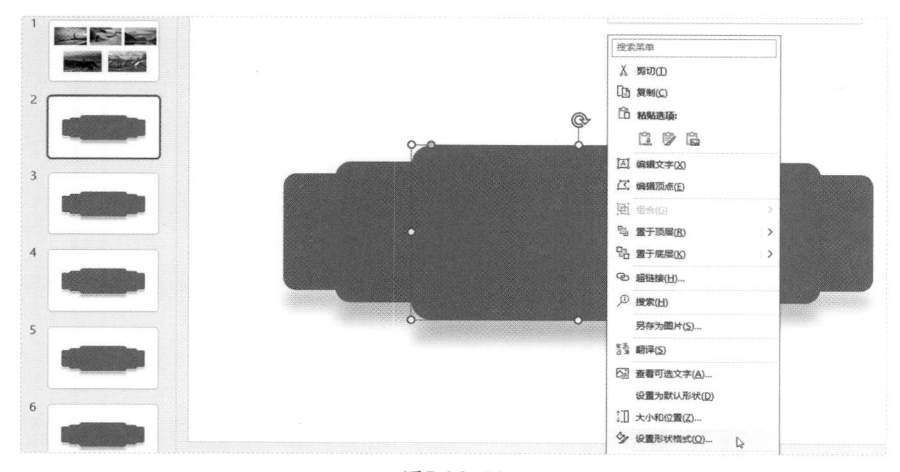

图5.16-11

在“填充”选项中单击“图片或纹理填充”按钮，然后单击“剪贴板”按钮，即可将图片填充到矩形当中，如图 5.16-12 所示。

图5.16-12

第八步 **顺时针填充**

选中第 3 张幻灯片中左侧的中等矩形，按上述步骤填充进同一张图片，如图 5.16-13 所示。

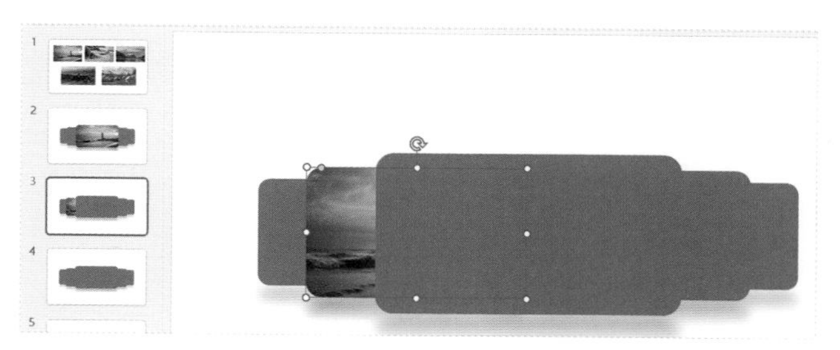

图5.16-13

依次选择剩下的幻灯片，并按顺时针方向选择矩形来填充这张图片，如图 5.16-14 所示。

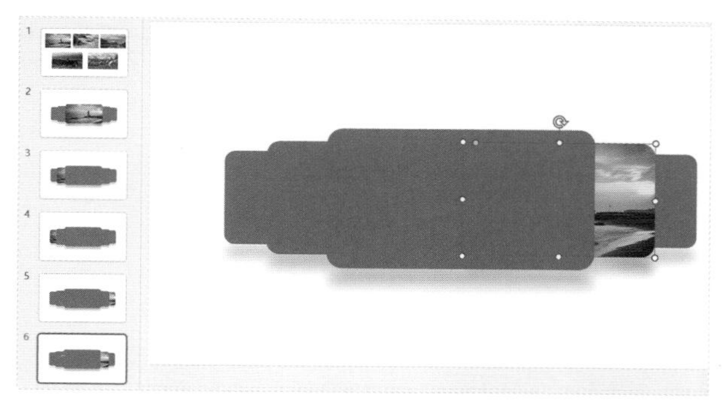

图5.16-14

第九步 填充所有图片

在备用图片页面中选择第二张图片进行复制，然后按上述步骤填充进上一张图片之后的矩形里，之后也按顺时针方向，在每张幻灯片的矩形中依次填充第二张图片，如图 5.16-15 所示，后面三张图片也以此类推进行填充。

图5.16-15

第十步 设置切换效果

填充完成后，删除用于备用图片的那张幻灯片，然后按 Ctrl 键同时选中剩下的所有幻灯片，在“切换”选项卡中单击“平滑”按钮，即可完成排版，如图 5.16-16 所示。

图5.16-16

Tips

1. 用户也可以根据需求为幻灯片添加文字。
2. 排版完成后，进行幻灯片放映即可查看动态排版效果。

5.17 破格排版

应用工具 **PowerPoint**

破格排版通常指的是打破常规的布局设计规则，采用更加自由和创新的方式来安排文字、图像和其他元素。这种方式可以使演示文稿看起来更有趣、更具个性，并帮助传达特定的情感或信息重点。

成果展示

思维导图

操作步骤

将可以删除背景的抠图功能与裁剪功能相结合，即可在 PPT 中实现破格排版的效果。

第一步 插入图片和文字

新建 PPT 文档，插入一张图片和一段文字，如图 5.17-1 所示。

图5.17-1

第二步 删除背景

将插入的图片进行复制和粘贴，选中粘贴之后的图片，在“图片格式”选项卡中单击“删除背景”按钮，如图 5.17-2 所示。

图5.17-2

单击“标记要保留的区域”按钮，在图片中勾选想要保留的区域进行保留，其余紫色区域则会被删除。勾选完成后，单击“保留更改”按钮即可完成抠图，如图 5.17-3 所示。

图5.17-3

Tips

除了 PowerPoint 自带的删除背景功能，用户也可以选择通过其他图片处理工具来删除背景，例如 Photoshop 等。

第三步 裁剪图片

将删除掉背景的图片素材移至一侧，然后选中之前插入的第一张图片，将它放大到可以铺满幻灯片页面的大小，然后单击“图片格式”选项卡中的“裁剪”按钮，裁剪掉图片的前半部分，如图 5.17-4 所示。

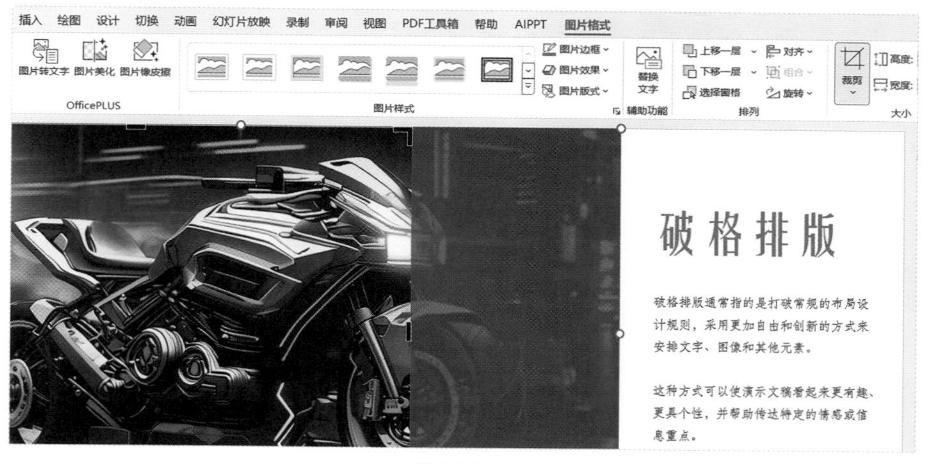

图5.17-4

裁剪完成后，继续单击“裁剪”按钮，在“裁剪为形状”选项中单击“六边形”按钮，将刚刚裁剪的图片变为六边形，如图 5.17-5 所示。

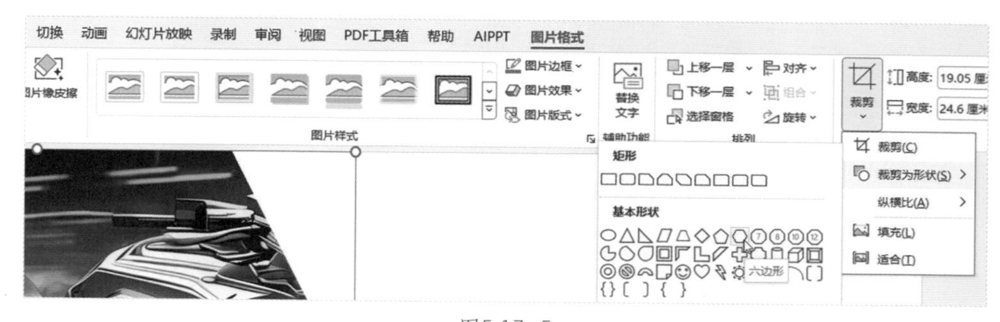

图5.17-5

Tips

使用“裁剪为形状”功能可以增强图形的视觉冲击力和设计感。

第四步 覆盖图片

选中之前删除掉背景的图片素材并进行移动，让它正好覆盖到裁剪好的那张图片上，同时重新调整文字的位置，如图 5.17-6 所示。

图5.17-6

第五步 添加动画

选中“摩托车”素材，在“动画”选项卡中单击“飞入”按钮，为其添加一个动画效果，同时可以按此步骤为剩下的文字和图片分别添加动画，如图 5.17-7 所示。

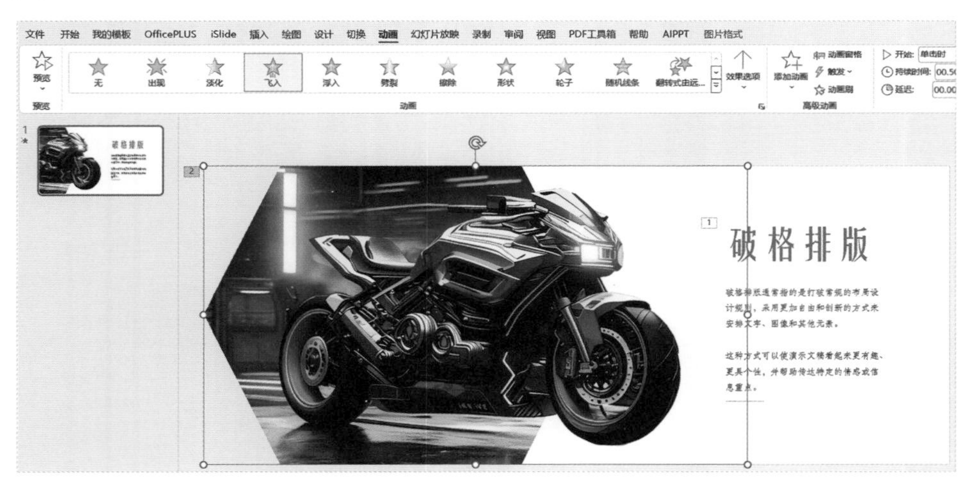

图5.17-7

> **Tips**
>
> 在添加动画时，可以对动画的方向、持续时间、顺序等进行不同的调整。

5.18 翻页排版

应用工具 PowerPoint

在 PPT 中，使用翻页排版往往可以模拟出翻阅纸质书籍的感觉，这种排版方式可以使演示文稿更具互动性和趣味性，尤其是在需要展现故事讲述或介绍章节的时候。

成果展示

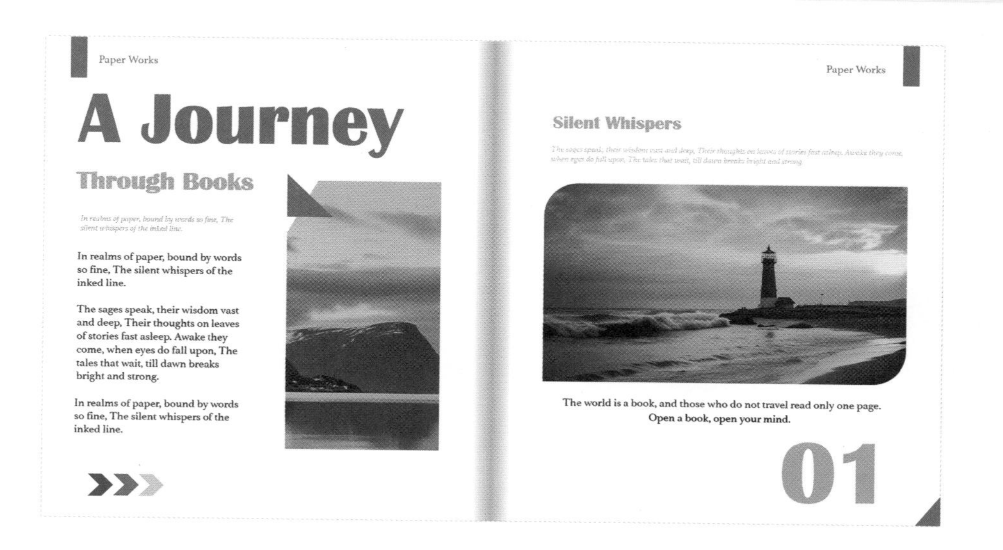

思维导图

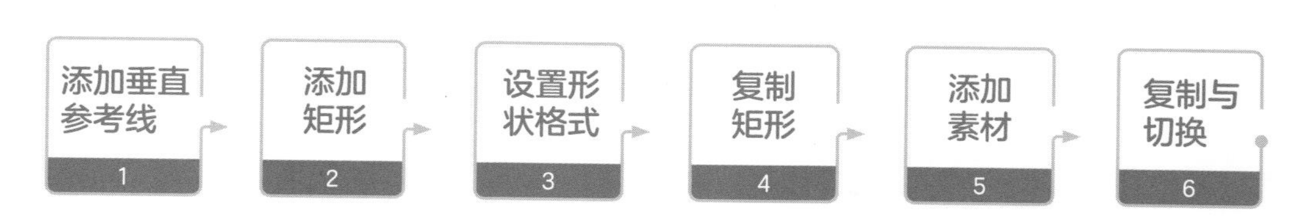

操作步骤

在 PPT 中模拟书籍样式对页面进行排版和设计，然后将切换方式设置为页面卷曲，在进行幻灯片放映时即可实现书籍翻页的效果。

第一步 添加垂直参考线

新建PPT文档，右击页面，在“网络和参考线”选项中单击“添加垂直参考线”按钮，如图5.18-1所示。

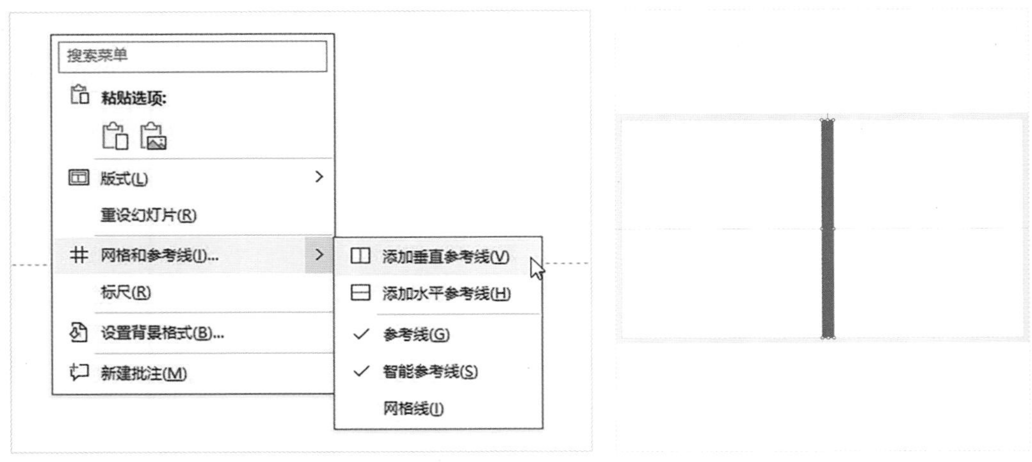

图5.18-1　　图5.18-2

第二步 添加矩形

在页面中插入一个矩形，调整至与页面同宽，并放置于参考线右侧，如图5.18-2所示。

第三步 设置形状格式

右击该矩形，设置形状格式为无线条，然后在填充选项中单击“渐变填充”按钮，如图5.18-3所示。在“方向”选项中单击“线性向左”按钮，如图5.18-4所示。

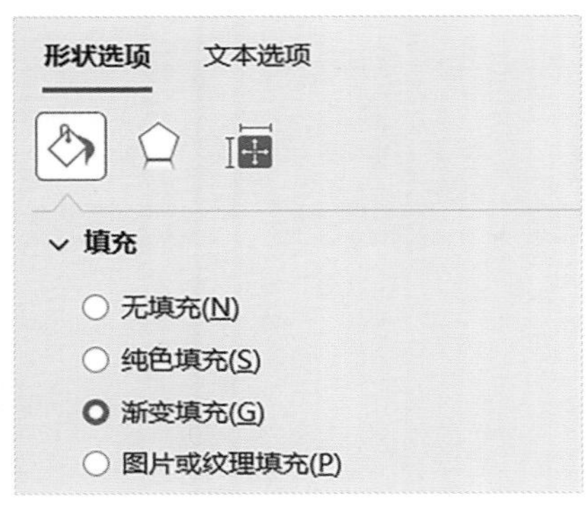

图5.18-3

图5.18-4

在渐变光圈的设置中，删掉多余的滑块，只保留两端的滑块。将左侧滑块的颜色调整为黑色，位置调整为25%，透明度调整为100%，如图5.18-5所示。按同样的方式将右侧滑块的颜色也调整为黑色，位置调整为100%，透明度调整为70%，如图5.18-6所示。

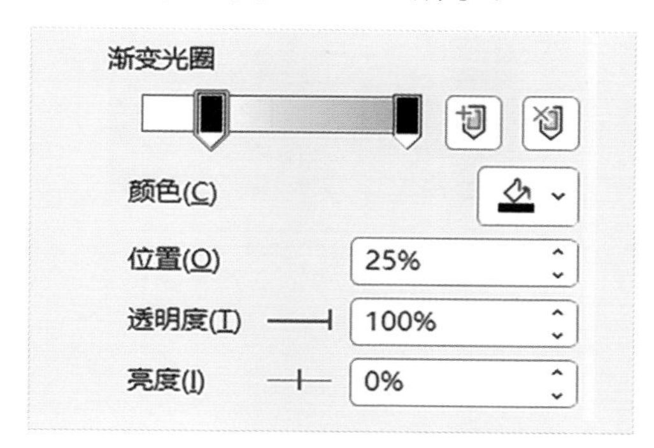

图5.18-5

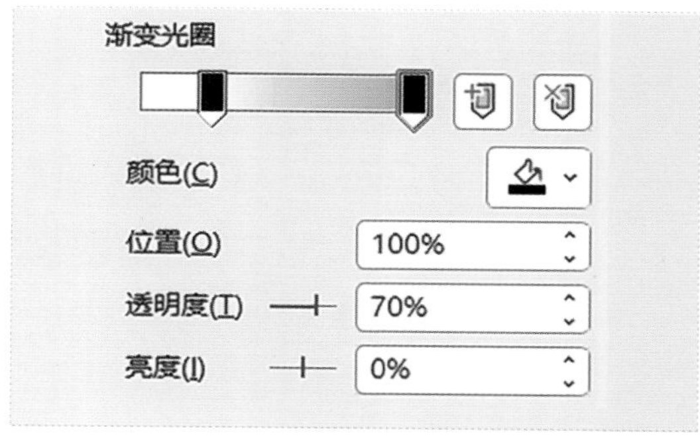

图5.18-6

第四步 复制矩形

设置完成后，复制该矩形，并将复制的矩形置于参考线左侧，选中这个矩形，在“形状格式”选项卡中单击“旋转”按钮，然后单击“水平翻转”按钮，如图5.18-7所示。

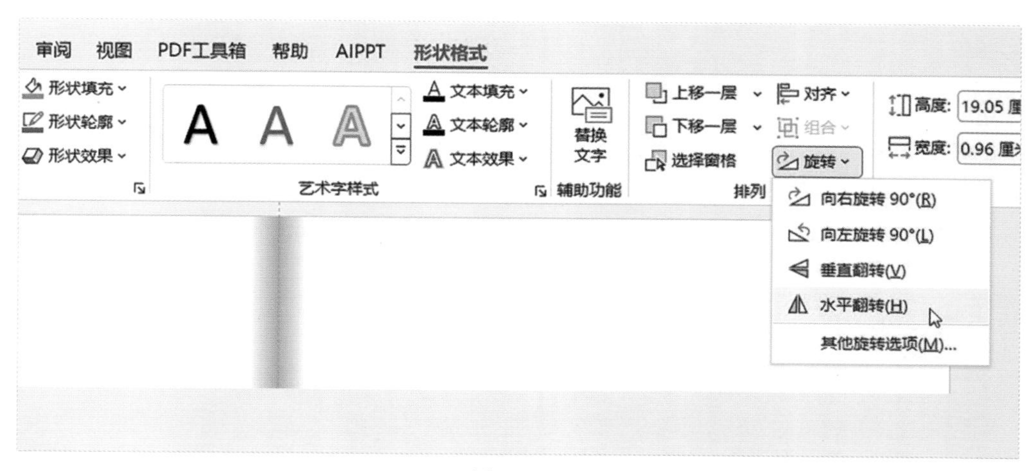

图5.18-7

第五步 添加素材

在页面中添加文字与图片素材，并调整其大小与位置，如图5.18-8所示。

图5.18-8

Tips

在添加素材时，文字与图片的位置可以参考一些书籍的排版样式，这样可以加强幻灯片放映时的书籍翻页效果。

第六步 复制与切换

复制该页幻灯片并替换其他幻灯片中的文字与图片，复制完成后，选中页面内的所有幻灯片，在“切换”选项卡中单击“页面卷曲”按钮，即可完成制作，如图 5.18-9 所示。

图5.18-9

5.19 旋转切换排版

应用工具 PowerPoint

在进行幻灯片的过渡时，使用旋转切换效果往往可以增添幻灯片的动感和视觉吸引力，根据 PPT 的主题选择合适的旋转方向（如顺时针或逆时针），也可以进一步加强主题的表现力。

成果展示

思维导图

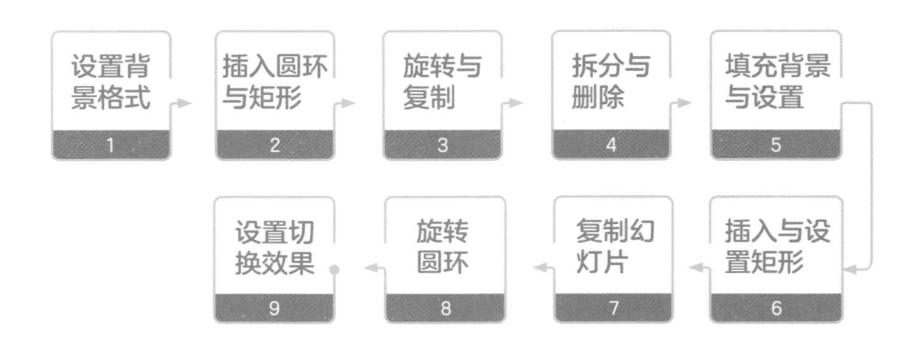

操作步骤

在 PPT 中插入背景图片后，利用圆形和矩形的组合、拆分及旋转角度来实现旋转切换的视觉效果。

第一步 设置背景格式

新建 PPT 文档，在“设计”选项卡中单击“设置背景格式”按钮，如图 5.19-1 所示。

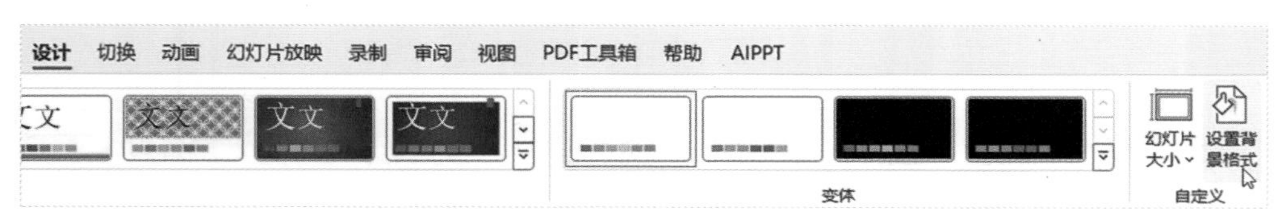

图5.19-1

在“填充”选项中单击“图片或纹理填充”按钮，然后在“图片源”选项中单击“插入”按钮，如图 5.19-2 所示。单击“来自文件”按钮，然后选择一张图片作为幻灯片背景，如图 5.19-3 所示。

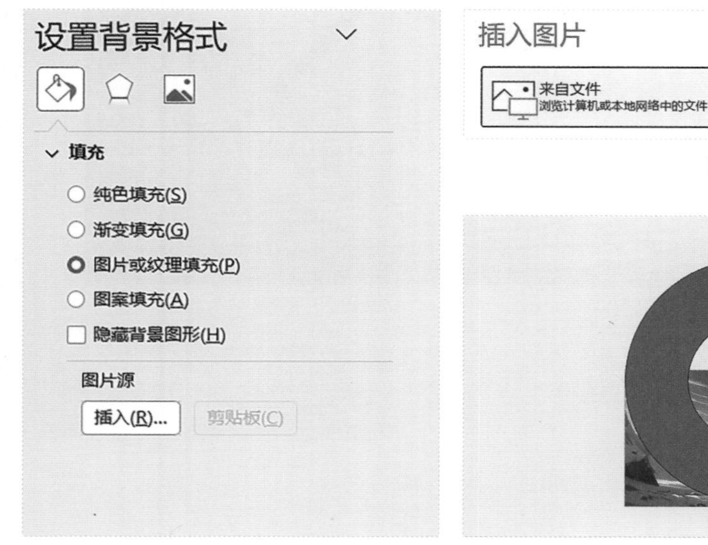

图5.19-2

图5.19-3

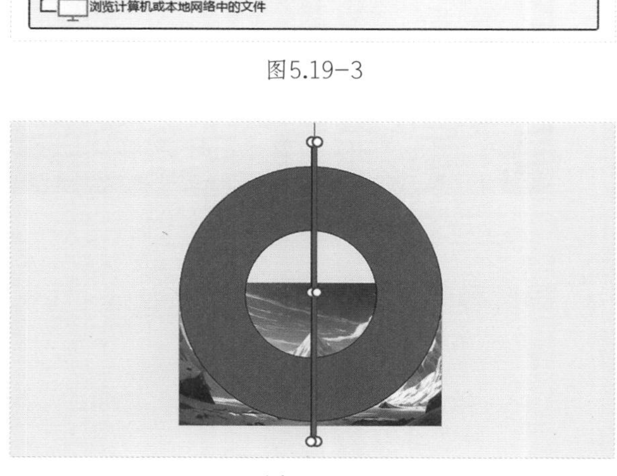

图5.19-4

第二步 插入圆环与矩形

在页面中插入一个圆环，然后再插入一个矩形，调整好大小和位置，使矩形置于圆环的中间，如图 5.19-4 所示。

第三步 旋转与复制

选中该矩形，在“形状格式”选项卡中单击“旋转”按钮，然后单击“其他旋转选项”按钮，将旋转角度设置为 45° ，如图 5.19-5 所示。

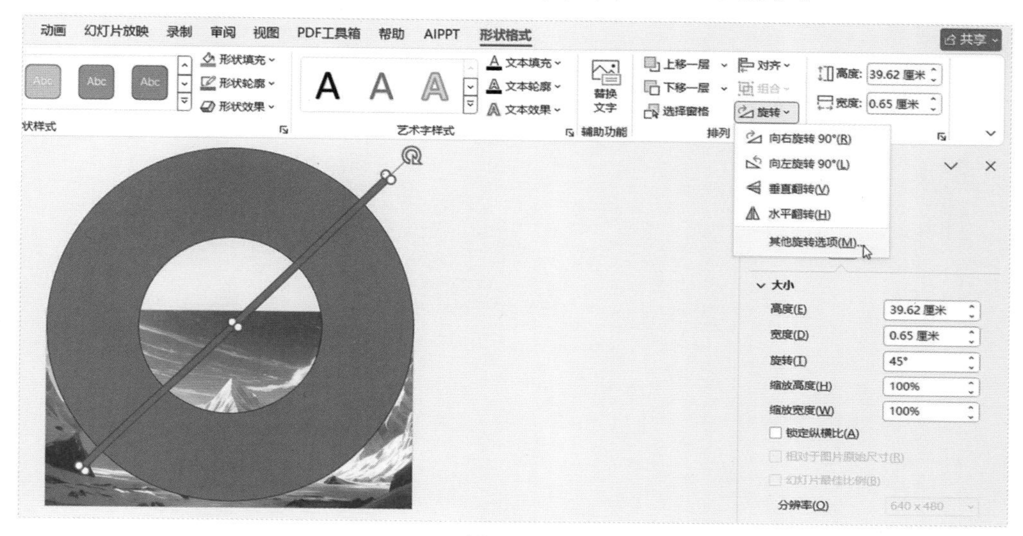

图5.19-5

复制该矩形，在“形状格式”选项卡中单击“旋转”按钮，然后单击“水平翻转”按钮，如图 5.19-6 所示。

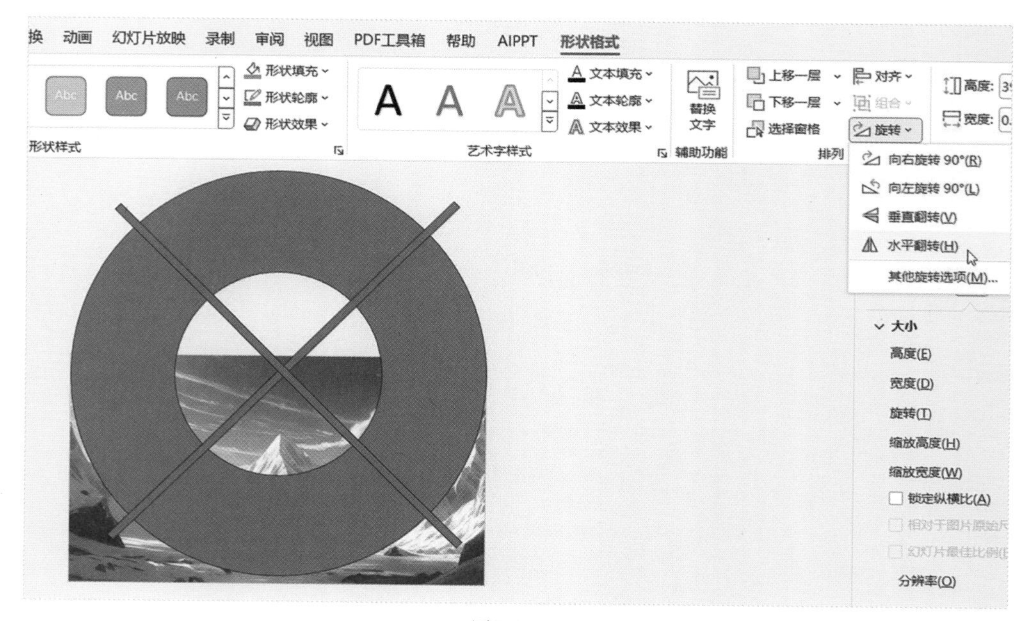

图5.19-6

第四步 拆分与删除

选中空心圆与两个矩形，在“形状格式”选项卡中单击“合并形状”按钮，然后单击“拆分”按钮，如图 5.19-7 所示。

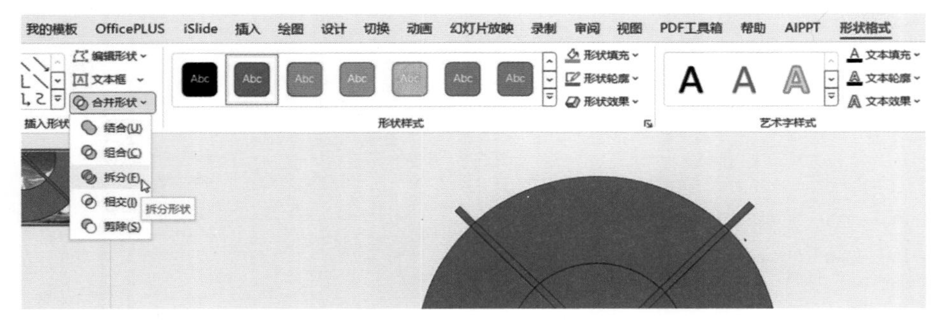

图5.19-7

拆分完成后，按住 Ctrl 键，选中需要删除的部分，然后按 Delete 键进行删除，如图 5.19-8 所示。

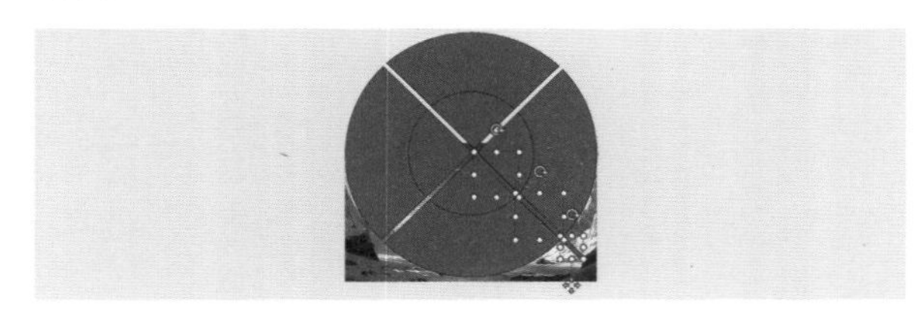

图5.19-8

第五步 填充背景与设置

将拆分后的圆环全部选中，设置形状格式为无线条和幻灯片背景填充，如图 5.19-9 所示。

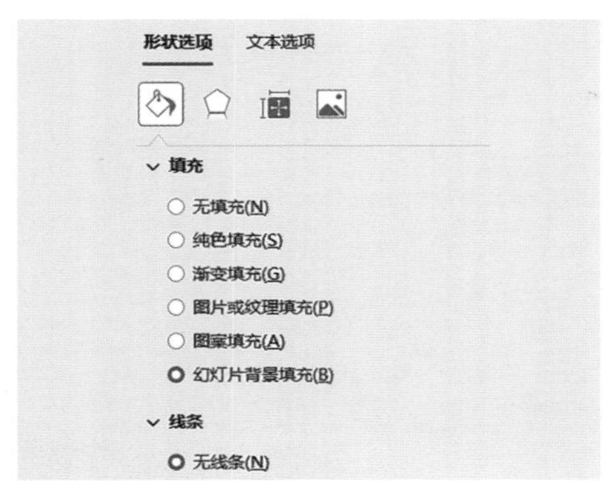

图5.19-9

单击“效果”按钮，在“阴影”选项中调整参数值，透明度调整为 64%，大小调整为 100%，模糊调整为 10 磅，角度调整为 90°，距离调整为 9 磅，如图 5.19-10 所示。

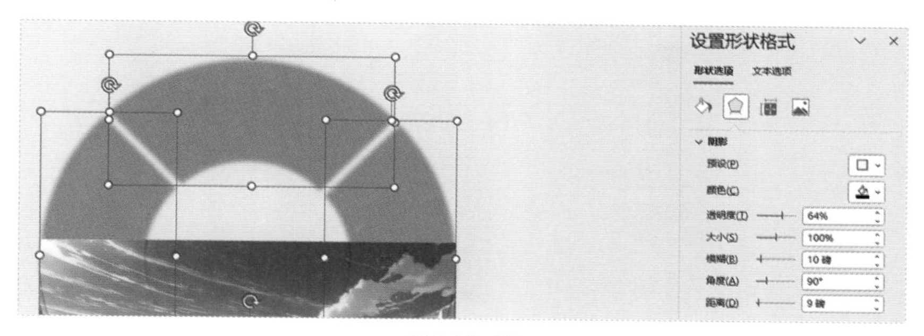

图5.19-10

第六步 插入与设置矩形

将选中的圆环进行组合，然后在页面中插入一个矩形，形状格式设置为无线条，填充为黑色，透明度调整为 40%，如图 5.19-11 所示。

图5.19-11

右击该矩形，单击“置于底层”按钮，如图 5.19-12 所示。

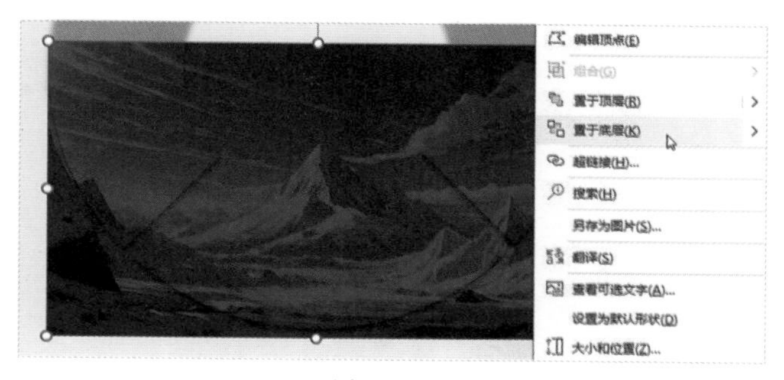

图5.19-12

第七步 复制幻灯片

在页面中插入文字，然后将该页幻灯片进行复制，同时按照第一步的方式为每页幻灯片设置不同的背景格式，如图 5.19-13 所示。

图5.19-13

第八步 旋转圆环

选中第二张幻灯片中的圆环，设置向右旋转 90°，以此类推，将每张幻灯片中的圆环都旋转 90°，如图 5.19-14 所示。

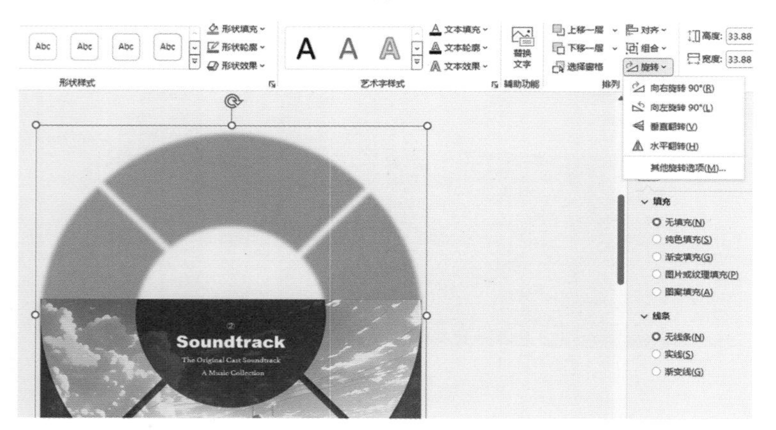

图5.19-14

第九步 设置切换效果

选中所有幻灯片，为其设置“平滑”的切换效果，然后进行幻灯片放映，即可看到旋转切换的动态效果，如图 5.19-15 所示。

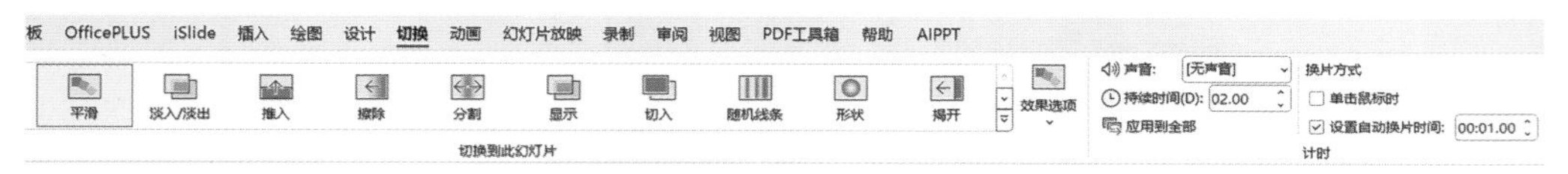

图5.19-15

5.20 悬停效果

应用工具 **PowerPoint**

悬停效果通常应用于幻灯片中的形状、图片、按钮或其他元素上，当观众或演讲者将鼠标指针悬停在这些元素上时，会发生某种视觉变化。这些元素通过改变颜色或大小等视觉特性，可以帮助突出关键点或重要链接。

成果展示

思维导图

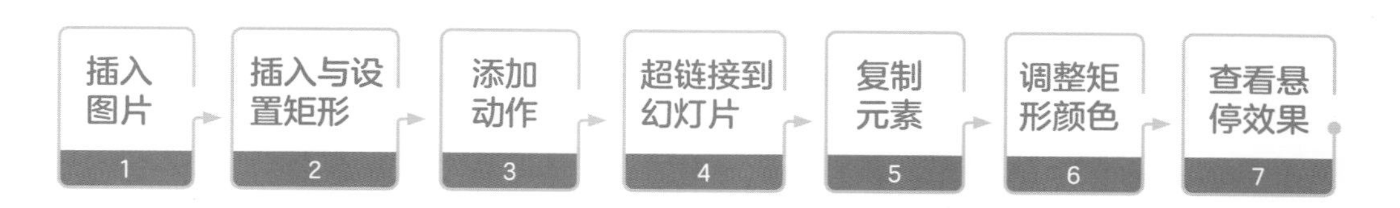

操作步骤

创建好 PPT 之后，可以为特定对象添加动作，当鼠标悬停到该对象上时，便会执行相应的操作。

第一步 插入图片

新建 PPT 文档，在页面中插入四张图片，并排摆放，如图 5.20-1 所示。

图5.20-1

第二步 插入与设置矩形

插入四个矩形，将矩形的形状格式设置为无线条，填充黑色，然后将透明度调整为 50%，在页面中添加文字，如图 5.20-2、图 5.20-3 所示。

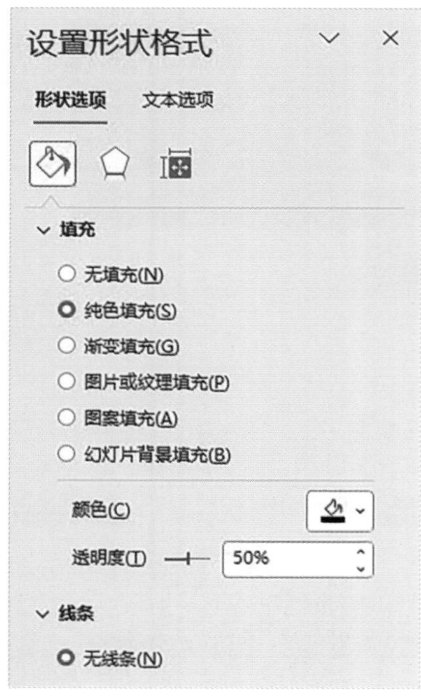

图5.20-2

图5.20-3

第三步 添加动作

新建四个空白的页面，然后在幻灯片 1 中，选中第一个矩形，在“插入”选项卡中单击“动作”按钮，如图 5.20-4 所示。

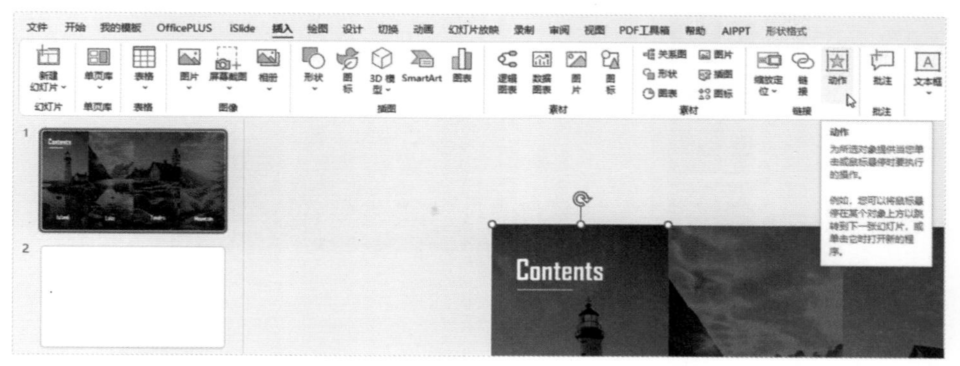

图5.20-4

第四步 超链接到幻灯片

在“操作设置”页面中单击“鼠标悬停”按钮，在“超链接到”下拉选项框中单击“幻灯片”按钮，如图 5.20-5 所示。在弹出的页面中单击“幻灯片 2”按钮，然后单击“确定”按钮，如图 5.20-6 所示。

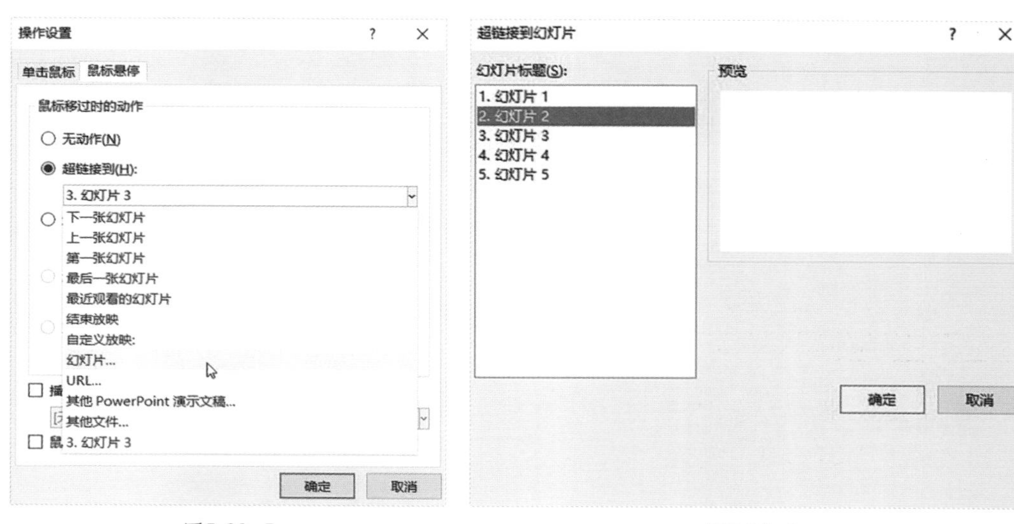

图5.20-5

图5.20-6

按同样的方式，选中幻灯片 1 中的第二个矩形，将其超链接到幻灯片 3，然后将第三个矩形超链接到幻灯片 4，将第四个矩形超链接到幻灯片 5。

第五步 复制元素

全选幻灯片，将里面的所有元素全部复制到其他四页幻灯片当中，如图5.20-7所示。

图5.20-7

第六步 调整矩形颜色

选中幻灯片2中的第一个矩形，将填充方式改为渐变填充，在“方向”选项中单击“线性向下”按钮，如图5.20-8所示。在渐变光圈的设置中，删掉多余的滑块，只保留两端的滑块。将左侧滑块的颜色调整为黑色，位置调整为5%，透明度调整为100%，如图5.20-9所示。将右侧滑块的颜色调整为蓝色，位置调整为100%，透明度调整为0%，如图5.20-10所示。

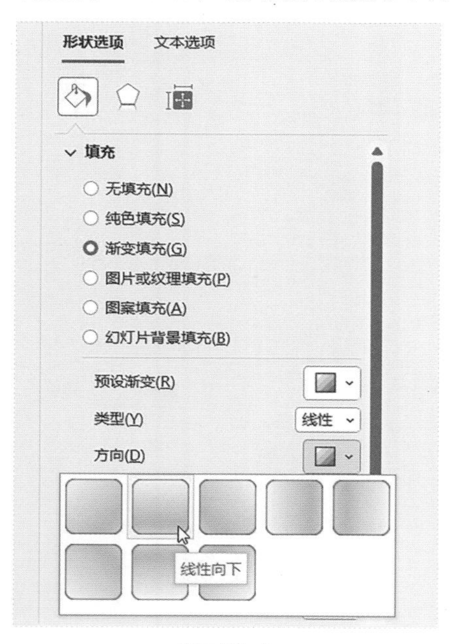

图5.20-8

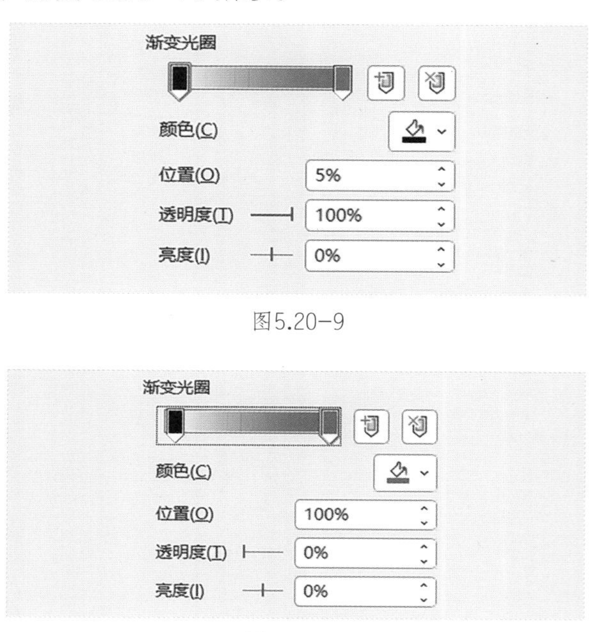

图5.20-9

图5.20-10

按同样的方式，将幻灯片 3 中的第二个矩形颜色调整为紫色，将幻灯片 4 中的第三个矩形颜色调整为绿色，将幻灯片 5 中的第四个矩形颜色调整为粉色，如图 5.20-11 所示。

图5.20-11

第七步 查看悬停效果

调整完成后，放映幻灯片，将鼠标移至不同的图片即可看到不同的颜色变化。

5.21 文字镂空效果

应用工具 PowerPoint

在 PPT 中，文字镂空效果主要适用于标题或封面页，因为它可以让文字背后的背景或图像透过文字展示出来，创造出一种层次分明的设计感，同时还可以为幻灯片增加深度和维度，使整体布局看起来更加丰富。

成果展示

思维导图

操作步骤

在 PPT 中插入图片、形状和文字，通过组合功能便能制作出带有镂空效果的幻灯片。

第一步 插入图片与设置

新建 PPT 文档，插入一张图片，让其铺满整个页面，如图 5.21-1 所示。

图5.21-1

设置完成后，选中该图片，在“动画”选项卡中单击“放大 / 缩小”按钮，如图 5.21-2 所示。将动画计时方式改为“与上一动画同时”，并将持续时间设置为 4 秒，如图 5.21-3 所示。

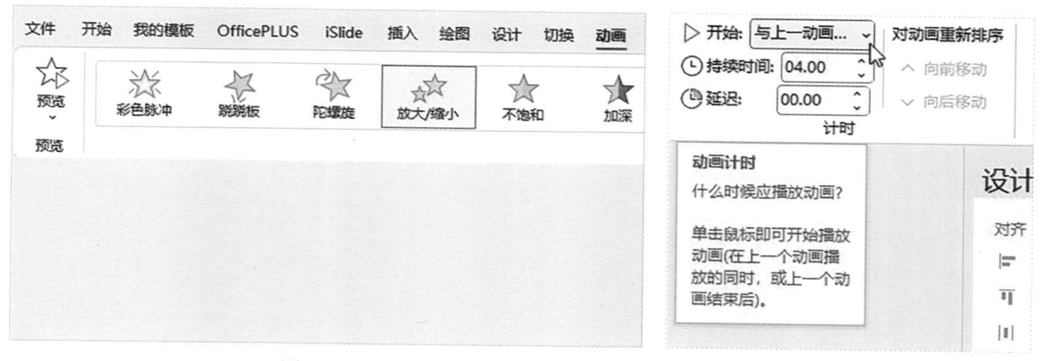

图5.21-2　　图5.21-3

第二步 勾选参考线

在“视图”选项卡中勾选“参考线”选项，如图 5.21-4 所示。

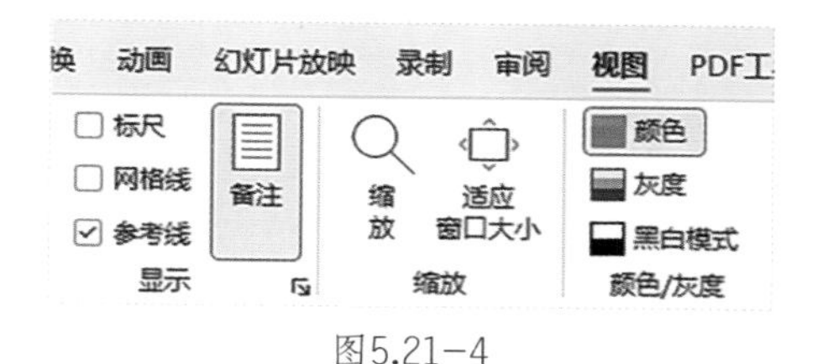

图5.21-4

第三步 插入矩形与编辑

插入一个矩形，覆盖页面的一半，右击该矩形，单击“编辑顶点”按钮，如图 5.21-5 所示。

图5.21-5

单击黑点，然后再单击白点并拖动，调整弧度，如图 5.21-6 所示。调整完成后，将矩形的形状格式设置为无线条，填充为白色，如图 5.21-7 所示。

图5.21-6

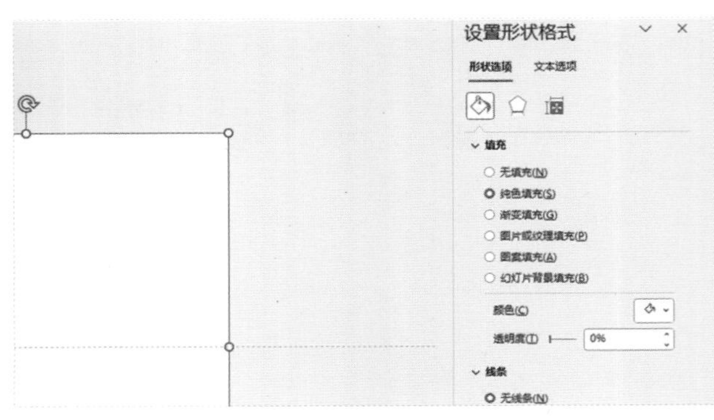

图5.21-7

第四步 插入文字

在页面中插入文字，调整大小与位置，将文字填充为白色，如图 5.21-8 所示。

图5.21-8

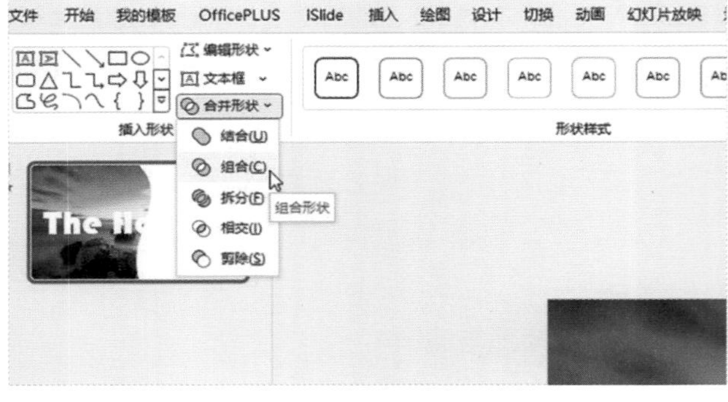

图5.21-9

第五步 组合形状

选中文字与白色形状，在“形状格式”选项卡中单击“合并形状”按钮，然后单击“组合”按钮，即可实现文字镂空效果，如图 5.21-9 所示。

Tips

1. 选中文字和形状时，注意不要将底图也选中，否则将无法出现镂空效果。
2. 为了更好的视觉效果，后续还可以继续在页面内添加一些文字素材。